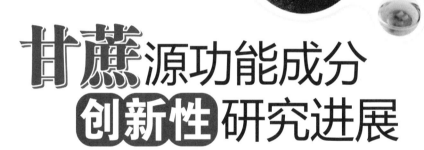

甘蔗源功能成分
创新性研究进展

孙健 何雪梅 李丽 主编

中国农业科学技术出版社

图书在版编目（CIP）数据

甘蔗源功能成分创新性研究进展/孙健，何雪梅，李丽主编．—北京：中国农业科学技术出版社，2016.4
ISBN 978-7-5116-2527-4

Ⅰ.①甘…　Ⅱ.①孙…②何…③李…　Ⅲ.①甘蔗-加工-研究　Ⅳ.①S566.1

中国版本图书馆 CIP 数据核字（2016）第 044832 号

责任编辑	张国锋
责任校对	马广洋

出 版 者	中国农业科学技术出版社
	北京市中关村南大街 12 号　邮编：100081
电　　话	（010）82106636(编辑室)　　（010）82109704(发行部)
	（010）82109709(读者服务部)
传　　真	（010）82106631
网　　址	http://www.castp.cn
经 销 者	各地新华书店
印 刷 者	北京富泰印刷有限责任公司
开　　本	880mm×1 230mm　1/32
印　　张	5.5
字　　数	170 千字
版　　次	2016 年 4 月第 1 版　2016 年 4 月第 1 次印刷
定　　价	28.00 元

版权所有·翻印必究

《甘蔗源功能成分创新性研究进展》
编委会

主　编：孙　健　何雪梅　李　丽
副主编：盛金凤　李志春　郑凤锦　陈赶林
编　委：(按姓氏笔画排序)
　　　　李昌宝　李杰民　刘国民　零东宁
　　　　廖　芬

前　言

甘蔗是甘蔗属（*Saccharum officinarum* Linn.）植物的总称，为一年生或多年生热带和亚热带的草本植物，属高光效的 C_4 作物，是人类迄今所栽培的生物量最高的大田作物，也是我国制糖的主要原料。我国是世界三大甘蔗起源中心之一，目前已成为居巴西、印度之后的世界第三大食糖生产国。广西壮族自治区（简称广西）为我国甘蔗生产第一大省，是我国甘蔗的生产中心，甘蔗糖业是广西最大的农产品加工行业，也是广西的优势和支柱产业，其蔗糖产量已经连续多年位居全国首位。

甘蔗在收获时会产生占蔗茎重 12%～20% 的田间废弃物，如蔗梢、蔗叶等；蔗糖加工过程中会产生大量的蔗渣、糖蜜和糖泥等，据统计，每生产 1t 蔗糖，就会产生 1～2t 甘蔗叶、2～3t 蔗渣、800kg 糖蜜和 250kg 糖泥。2012 年我国甘蔗种植面积 179.5 万公顷，产量 12 311.4 万吨，蔗糖产量 1 143 万吨，每年蔗糖生产所产生的甘蔗废弃物达几千万吨，这些废弃物不经合理的处理和利用将会造成严重的环境污染和安全隐患。农业废弃物既是一个大的环境污染源，同时也是一个大的生物质资源库。甘蔗田间废弃物及制糖副产物富含多种有机成分和功能活性成分，已引起医学、食品、发酵和轻工业等相关学科和产业的重视。如果能够充分利用这些废弃物及副产品进行深加工，实现其有效增值，将会产生巨大的经济效益和社会效益。

本团队于 2010 年开始甘蔗副产物的多元化开发利用研究，历经 5 年取得了一些科研成果，并将此科研成果总结编辑成册。本书共分

4个部分，分别为甘蔗副产物利用的研究进展、甘蔗副产物中功能成分的提取与制备、活性成分的功能活性评价与取得的相关专利，是一部内容丰富、兼具科学性和实用性的著作，可为高校农产品加工专业师生、相关农产品加工企业和农民专业合作社提供技术参考。

由于编者水平的限制，书中难免存在一些疏漏甚至错误，敬请读者批评指正。

编 者

2015年12月

目　　录

第一篇　甘蔗副产物多元化利用研究进展

甘蔗田间废弃物及制糖副产物综合利用研究进展
……………………… 李　丽，游向荣，孙　健等（3）
蔗梢综合利用研究进展 ………… 孙　健，何雪梅，赵谋明等（15）

第二篇　甘蔗副产物活性成分的提取与制备

响应面法优化蔗梢多酚提取工艺
……………………… 何雪梅，孙　健，李　丽等（29）
响应面法优化蔗梢多糖超声波提取工艺
……………………… 何雪梅，孙　健，李　丽等（41）
超声波辅助提取甘蔗渣木聚糖工艺优化
……………………… 孙　健，李　丽，盛金凤等（56）
蔗渣制备低聚木糖溶液的脱色脱盐工艺及其组分分析
……………………… 盛金凤，李　丽，孙　健等（70）
甘蔗糖蜜发酵液中维生素 B_{12} 提取方法的比较
……………………… 李志春，郭海蓉，麻少莹等（87）

第三篇　甘蔗活性成分功能活性评价

Antioxidant and Nitrite-Scavenging Capacities of Phenolic Compounds

from Sugarcane（*Saccharum officinarum* L.）Tops
……………… Jian Sun, Xue-Mei He, Mou-Ming Zhao et al.（99）

蔗梢多酚类化合物抗氧化与抗肿瘤活性研究
………………………… 何雪梅，孙　健，李　丽等（121）

第四篇　技术发明专利

低聚木糖的浓缩分离纯化系统
………………………… 李　丽，孙　健，何雪梅等（135）
一种木聚糖加工装置 …………… 李　丽，盛金凤，何雪梅等（140）
一种用蔗梢制备甘蔗多糖的方法
………………………… 何雪梅，李　丽，盛金凤等（145）
一种从甘蔗渣制备低聚木糖的方法
………………………… 盛金凤，孙　健，李　丽等（150）
一种低聚果糖饮料及其制备方法
………………………… 廖覃敏，李　丽，盛金凤等（156）
附录：与本书相关的广西农业科学院农产品加工研究所科研
　　项目 ……………………………………………………（165）

第一篇

甘蔗副产物多元化利用研究进展

甘蔗田间废弃物及制糖副产物综合利用研究进展

李 丽[1,2],游向荣[1,2],孙 健[1,2*],李志春[1,2],何雪梅[1]

(1. 广西农业科学院农产品加工研究所,南宁 530007;
2. 广西作物遗传改良重点开放实验室,南宁 530007)

摘 要:甘蔗叶和甘蔗渣、糖蜜、糖泥是甘蔗收获和加工过程中的主要废弃物和副产物。对甘蔗田间废弃物及制糖副产物的研究及利用情况进行了综述,并展望了甘蔗田间废弃物及制糖副产物的开发利用前景。通过阐述副产物的综合利用现状以及存在的问题,为我国甘蔗产业开展副产物和废弃物综合利用新途径研究和新产品开发提供参考。

关键词:甘蔗;田间废弃物;蔗渣;糖蜜;综合利用

Review on Utilization of Sugarcane Field Wastes and Sugar Refining Byproducts

Li Li[1,2], You Xiangrong[1,2], Sun Jian[1,2]*,
Li Zhichun[1,2], He Xuemei[1]

(1. Institute of Agro-food Science & Technology, Guangxi Academy of Agricultural Sciences, Nanning 530007; 2. Guangxi Crop Genetic Improvement Laboratory, Nanning 530007)

Abstract: Sugarcane leaves as well as sugar cane bagasse, molasses and mud are the main wastes and byproducts in the process of harvest and processing. The utilization situation of sugarcane field wastes and sugar refining byproducts was reviewed. The prospect for exploitation and utilization of them was also discussed. This review provided a reference for sugar refining industry on the comprehensive utilization of byproducts and wastes through exploring new approaches and developing new products.

Key words: sugarcane; field waste; bagasse; molasses; comprehensive utilization

甘蔗是我国主要糖料作物之一，其种植面积占我国常年糖料面积85%以上，主要集中在广西、广东、福建和海南等省区，并成为该地区经济发展的重要支柱和农民增收的主要来源。甘蔗在收获以及加工过程中产生大量的废弃物及副产物，主要为收获后遗留在田间的甘蔗叶，占蔗茎重的12%~20%；甘蔗制糖后的副产物，如蔗渣、糖蜜和糖泥等，据统计，每生产1t的蔗糖，就会产生1~2t的甘蔗叶，2~3t的蔗渣，800kg的糖蜜，250kg的糖泥[1]。如果能够充分利用这些废弃物及副产品进行深加工，实现其有效增值，将会产生良好的经济效益和社会效益。

甘蔗田间废弃物及制糖副产物富含多种有机成分，且产量巨大，已引起医学、食品、发酵和轻工业等相关学科和产业的重视，相关的应用研究和技术开发已取得一定的成果。因此，就国内外甘蔗田间废弃物和制糖副产物综合利用的最新研究进展进行综述，通过阐述废弃物、副产物的利用现状及存在问题，进一步探索新的开发途径，对提高我国甘蔗产业的可持续发展具有十分重要的意义。

1 甘蔗田间废弃物综合利用现状

甘蔗叶属于可再生生物质能源，储量巨大，易于收购，成本较低。2011年我国甘蔗叶总产量近2万吨，且随着甘蔗种植面积的增长而增长。甘蔗叶的回收再利用能解决大量生物资源浪费和生态环境污染问题，提高甘蔗种植的经济效益，同时为其他行业提供大量的资源。

1.1 粉碎还田

甘蔗叶含有丰富的多种甘蔗生长必需营养元素，将蔗叶粉碎后还田，可改善土壤的粒度结构，提高土质疏松度，改善土壤保土保水、黏结、透气、保温等性能，增加土壤有机质含量，对促进甘蔗生产可持续发展有着十分重要的作用和意义。甘蔗叶粉碎还田增产增收效果显著，可以创造良好的生态环境，最终实现经济、社会和生态效益协调发展。从20世纪80年代以来，我国先后研制了一些甘蔗叶粉碎还田机械，如FZ-100型、3SY-140型、4F-1.8型、1GYF-120型等，并在生产单位试验示范应用。李明等[2]通过对设计的1GYF系列甘蔗叶粉碎还田机的动刀类型、动刀排列、集叶器等进行优化组合与改进，使捡拾率提高约0.7%，粉碎率提高约7.1%，并提出了甘蔗叶粉碎还田作业质量标准及甘蔗增产增收技术措施。

1.2 生产饲料

甘蔗叶梢富含粗纤维，也含蛋白质、脂肪和矿物质、维生素等牲畜可利用的营养物质。经测定，每千克甘蔗叶梢（干物质）含消化能 5.68MJ、粗蛋白 3%~6%，是一种发展畜牧业很好的饲料资源。特别是在甘蔗收获期（11 月至翌年 4 月），正值枯草期，利用甘蔗叶梢作青粗饲料，可以解决牲畜越冬渡春饲料不足矛盾。韦正宇等[3]以甘蔗叶梢加尿素为主要饲料，对本地水牛进行育肥试验，结果表明，试验组牛平均日增重为 0.568kg，比对照组增重 0.17kg，经济效益也比对照组每头水牛多 103.67 元。甘蔗砍收比较集中，除一部分用于青饲料外，大部分甘蔗叶梢需要进行氨化、微贮处理来延长供饲时间并增加营养价值。江明生等[4]研究了氨化与微贮处理甘蔗叶饲喂水牛和山羊试验，甘蔗叶经氨化或微贮处理后其粗蛋白含量提高，粗纤维和中性洗涤纤维含量下降，营养价值提高，而且甘蔗叶质地松软，气味香醇，适口性好，贮存时间延长，在同等条件下，饲喂氨化、微贮甘蔗叶可提高牛和山羊日增重和经济效益。推广氨化、微贮甘蔗叶喂养牲畜，不但可以节约粮食，发展畜牧业，而且可以改变农村传统羊群分散放牧为舍饲或半舍饲方式，利于植被保护和生态环境平衡。

1.3 食用菌栽培

蔗叶含水量少，甘蔗收获后就地晾晒 2~3 天即可收藏备用，不易发霉，是巨大的可再利用资源，大量研究曾用甘蔗叶栽培食用菌取得了良好效果。甘蔗叶产量大，栽培成本低，材料容易处理，用于食用菌的栽培能减少环境污染，出菇后的菌渣还可做肥料还田，因此，用甘蔗叶作为主要原料栽培食用菌是完全可行的，具有较高的推广应用价值。目前已利用甘蔗叶培养了平菇、鸡腿菇、大球盖菇、凤尾菇和竹荪等食用菌。黎金锋等[5]以甘蔗叶为主要原料栽培鸡腿菇，菌丝生长良好，鲜菇产量、生物转化率均高于对照。钟祝烂等[6]利用甘蔗叶栽培大球盖菇，具有菌丝生长健壮，菌丝满床快、出菇早等特点。利用甘蔗叶栽培食用菌不仅可变废为宝，增加农民收入，栽培废料直接回田，又可提高土壤肥力，增加连作农作物的产量。

1.4 直燃发电

利用甘蔗叶直燃发电能较好地回收利用甘蔗叶，带来良好的环保效应和经济效应。我国首个利用甘蔗叶进行直燃发电项目于 2010 年在广西柳城县正式投产，该电站具有 1.8 亿千瓦的发电能力，与相同效率的燃煤发电厂相比，可每年减少二氧化碳排放 10 万吨、二氧化硫排放 600t 和粉尘排放 400t。同时电厂以 120 元/t 的价格向当地群众收购甘蔗叶，又可为农民增加 2 000 万元以上的收入，燃烧过后的剩余物还可用作生物肥还田，实现了循环生产，充分利用了资源。

2 制糖副产物综合利用情况

2.1 甘蔗渣的利用

甘蔗渣是甘蔗经破碎和提取蔗汁后的甘蔗茎的纤维性残渣，是制糖工业的主要副产品之一，蔗渣的一般组成见表 1。20 世纪 70~80 年代，我国糖厂的甘蔗渣主要是供糖厂本身作为燃料烧掉或废弃，这种利用方法的经济价值非常低。开发利用蔗渣资源，不但可以提高糖厂的经济效益，还可为其他行业提供大量的资源，对化工、养殖等行业的发展均具有重大意义。

表 1 蔗渣的组成成分[7]

成分	百分比（%）
纤维素	45~50
半纤维	22~30
木质素	18~23
蔗蜡	2~4
可溶性固形物	1~3

2.1.1 蔗渣酒精

蔗渣中的纤维素可转化为糖，制成燃料酒精，能够大大提高甘蔗的全生物量利用率。巴西从20世纪80年代开始研发的甘蔗渣生产酒精的技术居世界领先地位，运用新技术可从每吨甘蔗渣中提取109～180L酒精，使甘蔗的酒精产量由7 740L/hm² 提高到13 800L/hm²，不需要扩大甘蔗的种植面积就可使酒精的产量增加一倍，成本降低40%[8]。将酒精与汽油按一定比例调配成的"酒精汽油"，可广泛提供汽车作为燃料用油，加上其可再生及快速循环的特殊生物能源性，在燃烧过程中比汽油燃烧排放较少的二氧化碳和含硫气体，这种酒精汽油已引起各发达国家的广泛关注。

2.1.2 蔗渣发电

利用甘蔗渣直接发电或通过热解气化供热发电的装置在美国、法国、日本和巴西等许多国家屡见不鲜。甘蔗渣发电属于生物质发电，是利用生物质燃烧转化为可燃气体发电的技术，主要有直接燃烧发电、混合燃烧发电和气化发电三种方式。据统计，一个制糖厂用所产生的1/3的甘蔗渣发电就能满足糖厂自身的电力需求，其余甘蔗渣产生的电能可以向其他单位输出。甘蔗渣燃烧排放出的含硫废气几乎可以忽略不计，而煤炭、石油等矿物燃料的废气排放很严重，因此，采用甘蔗渣发电，可以大大减少环境污染。

2.1.3 蔗渣饲料

古巴、美国等国家早在20世纪70年代就已利用蔗渣作为饲料养牛，近十年来发展更快，蔗渣饲料已成为世界上一些发达国家的主要粗饲料来源之一。巴西于80年代初就开始进行生产甘蔗渣饲料方面的相关研究，在处理和制备甘蔗渣饲料等方面积累了丰富的实践经验，蔗糖的消化率从15%提高到60%。美国将新鲜甘蔗渣用烧碱处理后，加入废糖蜜做成能储藏一年而不会变质的牛饲料，使饲料中有机物的消化率从36.6%提高到53.2%，养牛效果从平均日增重0.8kg增至1.36kg。韩丙军等[9]利用甘蔗渣和橡胶厂废水发酵饲料，蔗渣处理后同常见热带牧草比较，粗纤维、粗灰分、粗蛋白含量与不同牧草没有显著差异，可满足热带地区常见牧草的营养元素要求。胡咏梅等[10]研究了蔗渣饲料生料发酵，利用糖厂废弃物蔗渣和糖蜜为发酵原、辅料，发酵后的饲料粗蛋白含量从2.94%提高到11.48%，香味、适口性较蔗渣发酵前大为改观，可用做牛、羊等的饲料，不但解决了蔗渣处理难的问题，减少了环境污染，为糖厂带来了可观的经济效益，而且为拓展饲料资源、降低饲料成本探索出一条新路。

2.1.4 蔗渣造纸

甘蔗渣含有丰富的纤维素蔗渣纤维，纤维长 1.0~1.5mm，直径 20μm，与阔叶木蓝按（0.7~1.3mm，20~30μm）相似。因此，采用合适的工艺可以生产出与阔叶木纸浆性质相似的蔗渣浆[11]。蔗渣浆在一些纸张抄造中的适应性，表明蔗渣浆尤其适合用来抄造抗张强度要求比较高的纸张。Heiningen[12]提出与生物炼制相结合的制浆造纸模式，即在原料制浆前预抽提半纤维素，分离后用于生产其他高附加值产品，残余固体残渣继续用于制浆。胡湛波等[13]将甘蔗渣应用于该模式中，从甘蔗渣制浆前热水预抽提工艺、甘蔗渣热水预抽提过程糖类组分溶出规律以及预抽提后甘蔗渣的制浆造纸性能等方面开展了实验性探索研究。广西贵糖集团在利用蔗渣造纸后，其造纸部分的税利占到全厂税利的70%以上，大大提高了企业的竞争力。

2.2 糖蜜的利用

糖蜜是甘蔗制糖工业的一种副产物，呈深棕色、黏稠状和半流动液态。糖蜜的主要成分是糖类，如蔗糖、葡萄糖和果糖。一般含糖量（以蔗糖计）在40%~56%，其中蔗糖的含量约30%，转化糖10%~20%；此外，还含有丰富的维生素、无机盐及其他高能量非糖物质，见表2。

表2　糖蜜的组成成分

成分	百分比（%）
蔗糖	31
转化糖	13
蛋白质	4
灰分	11
钠	0.1
钾	3.5
钙	0.7

(续表)

成分	百分比（%）
磷	0.08
硫	0.5
镁	0.5

2.2.1 糖蜜饲料添加剂

糖蜜富含糖类、蛋白质等营养物质，是一种物美价廉的饲料原料，糖蜜适口性好，易被动物消化吸收，此外还含有较多的生物素、泛酸以及维生素等物质。其甜味可掩盖饲料的不良气味，改善饲料的适口性；其黏稠性和半流动状态使糖蜜具有黏结作用，可降低饲料的粉尘率、提高颗粒饲料质量[14]。因此，糖蜜可用作反刍动物饲料的辅料或添加剂，利用效率高且绿色环保。在奶牛产业比较发达的国家，如荷兰、苏格兰、美国和加拿大等国家，人们已经把糖蜜作为一种常用的能量饲料添加到奶牛日粮中[15]。利用糖蜜发酵生产酵母单细胞蛋白可弥补常规蛋白饲料资源的不足。李大鹏[16]利用糖蜜发酵生产酵母单细胞蛋白，配合饲料中使用3%的甘蔗糖蜜，猪日增重提高2.8%，饲料增重比下降4.3%；鸡产蛋率提高2.05%，料蛋比下降3.7%。胡敏等[17]进行甘蔗糖蜜废水生产饲料蛋白质的菌种和发酵条件优选试验，表明热带假丝酵母是能充分利用此种糖蜜废水生产饲料蛋白质的较好菌株，饲料蛋白产量可达12.5g/L，化学耗氧量去除率为40%。

2.2.2 糖蜜制备酒精

各产糖国的大多数糖厂以糖蜜为原料生产乙醇的方式处理糖蜜，我国中型以上的糖厂有90%设有乙醇车间。糖蜜生产乙醇一般采用间歇式流程，目前印度的Praj公司提出并应用的糖蜜连续发酵技术较为先进。我国甘蔗糖蜜酒精发酵的醪液酒精含量仍然较低，一般为10%左右，而且污染环境严重，生产每容积的酒精产生12~14容积，COD为8万~12万mg/L，BOD 54万~6万mg/L的蒸馏废液。目前利用自絮凝颗粒酵母发酵甘蔗糖蜜生产乙醇，得到了较好的结果。凌长清[18]研究高产酿酒酵母菌株MF 1001的甘蔗糖蜜酒精发酵特性及利用该菌株进行甘蔗糖蜜高浓度酒精发酵,将该菌株用于5万吨规模的甘蔗糖蜜酒精发酵生产,全年生产的成熟醪酒精含量维持在12.5%(vol)以上,发酵效率维持在91%~93%,生产吨酒精的废液排放维持在8t左右,生产效益显著。

2.3 糖泥的利用

糖泥是制糖工业的大宗副产品之一,蔗汁澄清的沉淀物再经加工后剩下的物质,主要成分为蛋白质、蔗蜡、植物固醇、叶绿素等。甘蔗滤泥中的成分会因甘蔗的品种、收获与压榨的方法、澄清的方法(石灰法、亚硫酸法、碳酸法)、甘蔗的滤泥产率等因素不同而有很大的差异。表3是亚硫酸法糖厂湿糖泥与干糖泥的一般组成情况。

表3 湿糖泥与干糖泥的组成[19]

成分	湿糖泥		干糖泥
	真空吸滤机	压滤机	
水分(%)	78.2	60.4	5~10
糖分(%)	2.1	7.3	5~15
纤维素(%)	4.3	6.5	15~30
蛋白质(%)	2.5	4.4	5~15
蔗蜡(%)	2.0	2.1	8~15
蔗脂(%)	1.6	1.8	
总灰分(%)	1.22	1.82	9~20

2.3.1 糖泥生产复合肥

目前,国内对糖泥的主要利用形式是用磷酸处理糖泥,降低其碱性,再经发酵后加一定量的无机钾肥制成复合肥,糖泥有机无机复混肥是利用糖厂生产蔗糖产生的大量废弃物糖泥与氮磷钾无机肥经复配搅拌、造粒成型、干燥等生产工序而得到的产品。云南永德糖业集团有限公司发明一种利用制糖制酒废弃物生产糖泥肥的方法,以制糖行业生产蔗糖和酒精等产生的废醪液、糖泥、烟灰、蔗渣为原料,制备的糖泥肥养分全面,养分释放均匀长久,供给作物养分和活性物质,提高光合作用强度，提高土壤肥力，改良土壤结构，是社会发展有机农业、生产绿色食品的良好用肥。海南省国营八一复合肥厂发明了一种应用于农作物的有机无机复合肥，利用糖泥、鱼肥、钙粉和多种有机氨作为填充料，生产糖泥复合肥，可大量增加土壤的有机质，有利于改善土壤结构，提高土壤肥力。李海丽[20]生产出的糖泥有机无机复混肥施用于甘蔗田中，甘蔗平均株高增加10cm左右，平均增糖值0.1%左右，且能改善单纯施用无机肥造成的土壤板结问题。

2.3.2 糖泥提取蔗蜡

蔗蜡是存在于甘蔗中的一种类脂物，是酯、游离酸、醇和碳氢化合物等的混合物，约为甘蔗质量的0.18%~0.26%。陈赶林等[21]以甘蔗糖厂副产品糖泥为原料提取蔗蜡，作为蔗蜡精制及深加工的中间产品，实验优化了不同工艺条件，得到棕褐色的产品粗蔗蜡，产率为8.19%~2.5%，同时得到5%~10%的蔗脂，提取工艺可满足工业化生产条件。在糖泥中提取蔗蜡的相关方法和工艺已在实验室或工业规模得到了应用，对于从蔗渣和乙醇废醪液中提取蔗蜡的技术工艺也有所研究，南非、澳大利亚、古巴和印度尼西亚等国都在糖泥中提取和生产蔗蜡，并以粗蔗蜡为原料生产烷醇和植物固醇等产品。

3 展望

甘蔗田间废弃物及制糖副产物的综合利用极具潜力，同时也面临着巨大的挑战。当前我国对甘蔗废弃物综合利用主要集中在对制糖副产物的利用上，对甘蔗叶的利用程度则相当低，我国开发利用的甘蔗叶不足20%，利用形式简单，基本上在田间焚烧。甘蔗渣除用于燃烧锅炉实现热电联产外，基本上被用来造纸；糖蜜主要用于生产乙醇；糖泥则经发酵后加一定量的无机钾肥，制成复合肥。这些副产物存在再加工产品附加值低、种类单一、形式简单和再加工过程中二次污染的现实问题，今后仍需深入进行工业化应用以及清洁生产的相关技术研究。因此，有必要关注甘蔗田间废弃物及制糖副产物利用途径的进一步开发，例如加强对甘蔗叶中多糖、多酚等活性成分的研究，分析活性成分对抑菌、增强免疫力、抗癌等方面的功能特性，开发甘蔗叶提取物功能保健产品。改性糖蜜不仅附加值高于直接应用，也避免了在发酵应用中的环境污染问题。改性糖蜜用作水泥助磨剂或水泥混凝土的外加剂都具有良好的应用效果，今后可以利用现代分析测试技术，加强改性糖蜜与水泥及其混凝土组成间的作用机理等方面的研究。在蔗渣综合利用过程中既要重视其生物质能的开发，利用液化技术将生物质转换成液体燃料，也要重视发挥其作为天然高分子材料效能，加强对利用蔗渣生产环保材料的研究。在甘蔗综合利用的体系中糖泥还极少利用，因糖泥杂质多，使用传统的溶剂抽提法的流程和设备较复杂、溶剂消耗量大，糖泥中蔗蜡等提取物都难以制成高质量的产品，同时也尚未在国内达到工业规模应用。随着石油、煤炭等不可再生资源总量日趋减少，由农林废弃物可再生资源转化获得新材料、高热值能源、化工原料及药物等正成为一种重要的发展新趋势。甘蔗田间废弃物及制糖副产物在化工、轻工、食品、医药和建材等行业中有较高的开发应用价值，今后应积极开发新的利用途径和新产品，提高甘蔗的附加经济效益，将对我国甘蔗产业开展废弃物和副产物资源化利用具有重要的意义。

参考文献

[1] Almazan O, Gonzalez L, Galvez L. The sugarcane, its by-products and co-products [C]. Food And Agricultural Research Council, 1998.

[2] 李明, 卢敬铭, 韦丽娇, 等. 甘蔗叶机械化粉碎还田技术集成 [J]. 安徽农业科学, 2011, 39 (8): 5 022 - 5 025.

[3] 韦正宇, 蒋柳平, 韦定尚. 利用鲜甘蔗尾叶肥育肉牛的效果 [J]. 中国畜牧杂志, 2002, 38 (6): 32 - 33.

[4] 江明生, 邹隆树. 氨化与微贮处理甘蔗叶饲喂山羊试验 [J]. 中国草食动物, 2001 (3): 26 - 27.

[5] 黎金锋, 姚晓华, 邱丰文, 等. 甘蔗叶袋栽鸡腿菇试验 [J]. 中国食用菌, 2010, 29 (5): 59 - 60.

[6] 钟祝烂, 张明华. 甘蔗叶栽培大球盖菇试验 [J]. 食用菌, 2009 (2): 29.

[7] Shaikh H M, Pandare K V, Nair G, et al. Utilization of sugarcane bagassecellulose for producing cellulose acetates: Novel use of residual hemicellulose as plasticizer [J]. Carbohydrate polymersm, 2009, 76 (1): 23 - 29.

[8] Cardona C A, Quintero J A, Paz I C. Production of bioethanol from sugarcane bagasse [J]. Status and perspectives Bioresource Technology, 2010, 10 (13): 4 754 - 4 766.

[9] 韩丙军, 唐文浩, 彭黎旭, 等. 甘蔗渣发酵产物的饲用价值研究 [J]. 安徽农业科学, 2007, 35 (32): 10 309 - 10 310.

[10] 胡咏梅, 艾慎, 丁一敏, 等. 蔗渣饲料生料发酵工艺的研究 [J]. 饲料工业, 2006, 27 (17): 27 - 29.

[11] Cover G, Rainey T, Shore D. The potential for bagsse pulping in Australia [J]. Appita, 2006, 59 (1): 17 - 22.

[12] Heiningen A. Converting a Kraft Pulp Mill into an Integrated Forest Biorefinery [J]. Pulp Paper Canada, 2006, 107 (6): 38.

[13] 胡湛波, 宾东明, 莫淑欢, 等. 甘蔗渣在广西非粮生物质能源产业中的利用思考 [J]. 广西轻工业, 2009 (9): 102 - 103.

[14] 王世雄, 尹尚芬, 郑锦玲, 等. 不同糖蜜对肉牛育肥效果的研究 [J]. 中国牛业科学, 2010, 36 (1): 32 - 35.

[15] 郭晨光, 王红英. 甘蔗糖蜜在奶牛饲养上的应用 [J]. 中国奶牛, 2002 (2): 22 - 24.

[16] 李大鹏. 利用废糖蜜生产单细胞蛋白饲料的研究 [J]. 粮食与饲料工业, 2003, 11: 23 - 24.

[17] 胡敏, 朱明军, 刘功良, 等. 甘蔗糖蜜废水生产饲料蛋白质的研究 [J]. 中国饲料, 2006 (17): 36 - 39.

[18] 凌长清. 利用高产酵母实现甘蔗糖蜜高浓度酒精发酵研究 [J]. 广西轻工业, 2011, 147 (2): 6 - 9.

[19] 霍汉镇. 甘蔗综合利用的新途径——从滤泥中提取高附加值产品 [J]. 广西蔗糖, 2003, 33 (4): 28 - 30.

[20] 李海丽. 利用挤压造粒工艺生产糖泥有机无机复混肥 [J]. 云南化工, 2001, 28 (3): 40 - 41.

[21] 陈赶林, 郭海蓉, 宋宁宁, 等. 甘蔗滤泥中蔗蜡的提取工艺研究 [J]. 食品科技, 2007 (9): 234 - 241.

原文发表于《食品工业》, 2013, 34 (7): 170 - 173.

蔗梢综合利用研究进展

孙 健[1]，何雪梅[2,3]，赵谋明[1]*，董 怡[1]，
李 丽[2,3]，李昌宝[2,3]

（1. 华南理工大学轻工与食品学院，广东广州 510640；
2. 广西农业科学院农产品加工研究所，广西南宁 530007；
广西作物遗传改良重点开放实验室，广西南宁 530007）

摘 要：蔗梢是甘蔗生产中的主要副产物之一，约占甘蔗生物总量的20%，本文阐述了当前蔗梢综合利用的研究现状，对其中存在的问题进行分析和探讨，以期为蔗梢的精深加工与综合利用提供新的思路和理论参考。

关键词：蔗梢；综合利用；研究现状

Review on Comprehensive Utilization of Sugarcane Tops (*Saccharum officinarum* L.)

Sun Jian[1], He Xuemei[2,3], Zhao Mouming[1]*, Dong Yi[1], Li Li[2,3], Li Changbao[2,3]

(1. College of Light Industry and Food, South China University of Technology, Guangzhou 510640, Guangdong, China; 2. Institute of Agro-food Science & Technology, Guangxi Academy of Agricultural Sciences, Nanning 530007, Guangxi, China; 2. Guangxi Crop Genetic Improvement Laboratory, Nanning 530007, Guangxi, China)

Abstract: Sugarcane tops were one of the main byproducts of sugarcane produce, almost accounting for 20% of the total amount of sugarcane biomass. The current research situation about comprehensive utilization of sugarcane tops was reviewed and some problems were discussed, in order to provide the novel idea and theoretic reference for intensive processing and comprehensive utilization of sugarcane tops.
Key words: sugarcane tops; comprehensive utilization; research status

甘蔗是禾本科（Graminaeeae）甘蔗属（*Saccharum* L.）植物，是我国制糖的主要原料。我国是世界三大甘蔗起源中心之一，目前已成为居巴西、印度之后的世界第三大食糖生产国，其中广西为我国甘蔗生产第一大省，约占全国总面积的50%[1]。蔗梢，又称甘蔗尾叶，是收获甘蔗时顶上最嫩节和青绿叶片的统称，不同于其他部位叶片,是甘蔗生产中的主要副产物之一,约占甘蔗生物总量的20%[2]。我国每年有几千万吨的蔗梢废弃物,如能加以合理利用,将避免大量的资源浪费和生态环境污染。本文就近年来国内外蔗梢的综合加工利用现状进行了综述,分析了存在的主要问题,对提高我国蔗梢的综合利用程度,促进甘蔗产业高效、可持续发展具有重要意义。

1 我国甘蔗种植现状与蔗梢资源

甘蔗主要分布在北纬33°至南纬30°之间,其中以南北纬25°之间面积比较集中。作为重要的能源和糖料作物,甘蔗在世界农业经济中占有重要地位。我国自2000年开始一直保持甘蔗种植面积和总产量世界第三的位置[3]。图1为2004—2011年我国甘蔗种植面积趋势图。

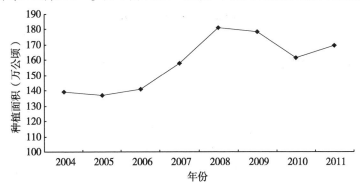

图1 2004—2011年我国甘蔗种植面积变化趋势

Fig. 1 Change trend of Chinese sugarcane planting area from 2004 to 2011

注:本图根据广西糖业协会数据整理,图2同。

由图可知2004—2009年,甘蔗种植面积逐年递增,2009年后有小幅的回落。根据我国农业部公布的"双高"甘蔗优势区域规划,我国甘蔗产业的发展未来主要集中在"桂中南优势产业带"、"滇西南优势产业带"以及"粤西优势产业带"等3个产业带区,制糖基地移向广东、广西、云南3个省份。图2即显示了这种趋势的变化,2011

年广西、云南、广东等优势蔗区的种植面积由 2004 年的 107 万公顷增加到 145 万公顷。

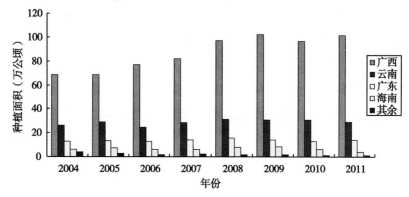

图 2　2004—2011 年我国各主产区甘蔗种植面积
Fig. 2　Sugarcane planting area of main producing areas in China from 2004 to 2011

2　蔗梢的营养价值

对鲜甘蔗梢进行营养测定，结果表明鲜甘蔗梢含干物质（DM）22.6%，干物质中粗蛋白（CP）、粗脂肪（EE）、粗纤维（CF）、无氮浸出物（NFE）的含量分别为 5.1%、2.0%、41.5%、47.8%[4]，其所含营养成分绝大部分可被动物吸收利用。蔗梢是蔗茎生长点所在部位，在甘蔗发育过程中（在开花以后），蔗茎的养料尽量提供给生长点，故含有多种无机元素、蛋白质、淀粉、维生素、氨基酸、酚类、酶类等。蔗梢成分与蔗茎成分比较，蔗糖含量、纤维含量较低，而单糖、蛋白质、氨基酸、酚类、矿物质含量较高[5]，见表 1。

表1 蔗梢与蔗茎中营养成分的对比

Table 1 The nutrient component comparison of sugarcane tops and sugarcane stems

成分（干物质）（%）		蔗梢	蔗茎
蔗糖		16.48	8.87
粗蛋白		5.06	0.625
灰分	磷	0.41	0.26
	钾	3.19	1.74
	钙	0.32	0.04
	镁	0.24	0.08
	硅	3.34	0.48

3 蔗梢的综合利用现状

3.1 留种

蔗梢最传统的利用方式就是留种。梢头部分葡萄糖多数还未转化为蔗糖，能够直接被蔗芽吸收，具有出苗快、出苗齐的特点。试验表明，用蔗梢（蔗茎生长点70cm左右的部分）做种，一个月就可以出苗，出苗率达98%，在出苗速度和出苗率方面远优于用蔗茎中段和老头做种[6]。

3.2 粉碎还田

蔗茎收获后，废弃的蔗梢通过粉碎还田技术返回到田里，蔗梢中富含的氮、磷、钾、镁、钙等多种营养元素回归土壤中，可有效地改善土壤的团粒结构和理化性状，增加土壤有机质含量，并可改善土壤生物环境和土壤结构，提高土壤自身调节水、肥、湿、气的能力，增加土壤孔隙度和含水率，对甘蔗长年连作的可持续稳定增产具有非常重要的意义[7]。近年来，蔗梢粉碎还田技术越来越成熟，国内多家研究单位都致力于改进机械的捡拾性、粉碎效果及对宿根的保护。在国外北昆士兰，种植者将蔗梢粉碎回田覆盖地表来控制杂草和保持水分[8]。

3.3 用作饲料

蔗梢收获期在11月至翌年4月，正值枯草期，利用蔗梢做动物饲料，可以解决牲畜越冬饲料不足矛盾。蔗梢干物质含有丰富的营养物质，含糖量高，适口性好，是一种良好的饲料资源[9]。蔗梢用作饲料的主要方式是青贮或氨化，还有将蔗梢与其他饲料配比，提高饲料的营养价值和利用率。研究发现，利用氨化的蔗梢饲喂肥肉牛，发现氨化后的蔗梢可以改善饲料的适口性，提高消化率和采食量，提高饲料的营养价值，带来了可观的经济效益，并解决了秋冬季节青绿饲料不足的问题[10]。韦正宇等[11]利用鲜甘蔗尾叶添加尿素为主育肉牛，每天每头补充精饲料0.4~0.5kg，每头牛可增加100多元收益。Puga等[12]用60%蔗梢、30%玉米茬、10%牧草，并添加不同量的尿素饲喂绵羊，研究了瘤胃的发酵。结果显示，高纤维饲料添加尿素能改善瘤胃的发酵，氮的供给和挥发性脂肪酸的产生。Ortiz-Rubio[13]证实了蔗梢是一种潜在的肉牛饲料资源，但是作为单一的饲料是不足的，要适当添加不同氮源，每千克干蔗梢添加家禽肥料100g，尿素8g或500g高氮补充物就能满足瘤胃微生物发酵。日本模拟了一种将肉牛幼崽饲育与甘蔗生产有机结合的模式，调查了甘蔗作为替代饲料的可行性和这种模式的经济效益。模式分为两个子系统：肉牛幼崽饲育与甘蔗生产产业，肥料生产，该模式能模拟在成牛的生殖循环和幼崽的生长过程中能量、蛋白质的总需求和随后经粪便和尿液排出的氮损耗，蔗梢作为主要的粗饲料来源，牛粪便作为甘蔗种植的无机肥料。结果发现此方案中饲育与肥料消耗要低，综合利用蔗梢和肥料是经济可行的[14]。

3.4 直燃发电

利用农业废弃物取代石油、煤炭等资源是能源短缺的国家正在研究的热点。利用甘蔗副产物直燃发电能较好地回收利用甘蔗，带来良好的环保效应和经济效应。我国首个利用甘蔗叶进行直燃发电项目于

2010年在广西壮族自治区柳城县正式投产[3],以2008年的蔗叶总量计算,如果蔗叶全部用来发电,可供应约93个年发电量1.8×10^9 kW·h的电厂,总发电量约167.4×10^9 kW·h,与同等发电厂相比年可减少二氧化碳排放量约930万吨、二氧化硫排放量约5.58万吨、烟尘排放量约3.72万吨。毛里求斯糖厂利用甘蔗梢和甘蔗渣生物发电,每吨原料蔗有565kg纤维性甘蔗生物质可用来发电。仅用蔗渣发电,其每吨原料蔗利用率为28%,能提供60~180kW·h的电力。在利用蔗渣的同时,把蔗梢和蔗叶也加以利用,每吨原料蔗的利用率可达60%,能提供146~401kW·h的电量[15]。澳大利亚东南部的新南威尔士州在2009年11月建成了世界上第一座以甘蔗叶直燃发电的工厂,年发电量为4.2×10^9 kW·h,每年减少约40万吨温室气体的排放,同时也因收购甘蔗叶为当地农民增加了收入[16]。

3.5 生产工业乙醇

Raveendran等[17]首次报道了利用蔗梢生产生物乙醇的研究,作者用响应面分析法优化了工艺中的各影响因素,包括生物质上样量、加酶量、表面活性剂浓度和孵育温度。在最佳水解条件下,还原糖得率为0.685g/g预处理生物质。利用酵母对水解产物发酵,得到11.365g/L生物乙醇,效率达到50%左右。Raveendran[18]又用一种新的表面活性剂辅助超声波预处理蔗梢,能有效地去除半纤维素和木质素,并能提高蔗梢还原糖得率。研究并优化了预处理和水解的操作因素,在优化水解条件下,预处理的生物质中还原糖的得率为0.661g/g,表面活性剂辅助超声预处理蔗梢是一种潜在的制造生物乙醇的原料。

3.6 生产蔗梢汁饮料

蔗汁性寒味甘,具有清热生津、润燥止渴、消积下气的功能,是四季保健的佳饮。广州甘蔗糖业研究所检测中心比较了蔗汁和蔗梢汁中氨基酸、有机酸、矿物质等的含量,发现蔗梢汁营养更为丰富,蛋白质、氨基酸、维生素、多酚类、酶类的含量是蔗汁中的几倍[19],可生产风味独特的蔗梢汁保健饮料。药理研究结果表明,蔗梢汁具有抗癌作用[20]。蔗梢汁对小白鼠肉瘤 S_{180} 的生长有明显的抑制作用,能延长艾氏腹水小鼠的存活期,其抗癌作用与其富含天门冬酰胺、天门冬氨酸、谷氨酸等 20 多种氨基酸和丰富的多酚类物质有关。蔗梢汁富含矿物质,作为饮料可补充人体需要的微量元素。蔗梢汁饮料的制造工艺为提汁后采用石灰法或加豆浆加热法澄清,以保持风味,澄清后可配维生素 C 等抗氧化和酸味剂护色,榨汁后可先浓缩成糖浆贮存,入夏季再稀释装瓶[21]。

3.7 提取抗氧化活性成分

现代医学研究证明,人体许多疾病与生物氧化及过剩的自由基有关,当人体内的自由基产生过多或清除过慢的时候就会对各种细胞器官造成损伤,从而加速机体衰老并诱发各种疾病,抗氧化剂能清除人体内的自由基而具有抗衰老和预防疾病的作用[22-24]。抗氧化活性成分主要是酚类化合物,甘蔗中含有丰富的多酚类化合物,具有较强的抗氧化作用。通过测定多种蔬菜水果的自由基清除能力发现,水果以梅子最高,为 5 770/100g,蔬菜最高为甘蓝 1 770/100g,而蔗茎压榨汁为 26 400/100g,其抗氧化能力极为可观[25]。蔗梢虽然只占蔗茎的小部分,但多酚类物质含量比蔗茎还多,且比较集中[26]。Li 等[27]比较了中国甘蔗蔗梢、蔗茎、蔗根和蔗叶中黄酮和花青素的含量,发现蔗梢和蔗根中黄酮含量高于蔗茎。以上研究都表明,蔗梢的抗氧化能力非常强,是一种潜在的抗氧化剂资源。孙晓雪等[28]对蔗梢中酚类物质进行了定性和定量分析,并对其抗氧化和保鲜应用做了研究,结果显示,蔗梢多酚的得率为 185mg/100g 蔗梢,富含表儿茶素,蔗梢多酚可以抑制花生油的氧化、延长冷鲜肉的货架期,对胡萝卜汁的护色有一定作用。

3.8 其他利用方式

蔗梢还可用于生产厩肥,将干燥好的蔗梢放在厩棚内,经牲畜踩踏,混合吸收其粪便,掏出堆集自然沤制,然后还田。这种方法虽效果好,但效率低。蔗梢汁富含氨基酸,可用于提取氨基酸生产混合或单一的氨基酸提取液,目前仍限于实验室规模研究与应用阶段。

4 蔗梢综合利用中存在的问题与对策建议

4.1 基础研究薄弱

我国是甘蔗种植大国，制糖工业发达，甘蔗产业的基础研究主要集中在甘蔗品种改良和制糖工艺的改进上，对甘蔗副产物开发利用的研究很少，甘蔗副产物的基础研究则更少。如蔗梢的营养功能性成分、加工特性，蔗梢青贮或氨化过程中营养成分的变化及饲喂效果等的基础研究缺乏或不够深入，限制了蔗梢精深加工，致使蔗梢的价值得不到充分的开发。国家应加大对此类方向的科研投入，支持深入开展蔗梢的基础研究工作，为进一步提高甘蔗的附加经济效益奠定理论基础。

4.2 重视度不足

目前蔗梢最主要的处理方式还是最传统的焚烧、简单的堆沤等，利用程度非常低，既造成了资源浪费又污染环境，副产物综合利用的观念比较淡薄。随着国家对可再生资源开发利用的重视，我们应对蔗梢的再利用重新认识，使废弃物的剩余价值得到充分开发，实现资源的高效利用。

4.3 关键技术亟待解决

蔗梢的精深加工与开发利用方式由于涉及的技术问题较多，产生的经济效益不好，被搁置在实验室探索阶段，无法进一步工业化生产应用，很大程度上制约了蔗梢综合利用的开展。因此，今后我们要集中力量在这些领域解决关键问题，促进蔗梢综合利用的快速发展。

参考文献

[1] 李杨瑞. 正在崛起的中国甘蔗糖业 [J]. 广西农业科学, 2005, 36 (1): 79 – 81.

[2] 张艳兰. 蔗叶循环利用改良土壤理化性状 [J]. 广西热带农业, 2008 (2): 28-29.

[3] 郑勇, 王金丽, 李明, 等. 热带农业废弃物资源利用现状与分析-甘蔗废弃物综合利用 [J]. 广东农业科学, 2011 (1): 15-26.

[4] 李乔仙, 高月娥, 尚德林, 等. 云南甘蔗梢饲用现状及其青贮营养成分测定 [J]. 养殖与饲料, 2011 (10): 45-47.

[5] 保国裕. 从甘蔗中提制若干保健品的探讨(上)[J]. 甘蔗糖业, 2003 (1): 40-46.

[6] 彭胜军. 蔗梢虽然短, 留种效益高 [J]. 湖南农业, 1995 (10): 12.

[7] 谭裕模, 黎焕光, 许树宁, 等. 蔗田农业废弃物资源化利用对土壤养分的影响 [J]. 中国糖料, 2010 (1): 1-4.

[8] Wood A W, Saffgna P G. 在北昆士兰将尿素施于回田甘蔗梢叶层时氮的损失 [J]. 国外农学: 甘蔗, 1992 (1): 47-51.

[9] 王贵华. 甘蔗的饲料价值及其产业化发展前景 [J]. 甘蔗, 2004, 11 (3): 42-45.

[10] 江明生, 韦英明, 邹隆树, 等. 氨化与微贮处理甘蔗叶梢饲喂水牛试验 [J]. 1999 (2): 49-51.

[11] 韦正宇, 蒋柳平, 韦定尚. 利用鲜甘蔗尾叶肥育肉牛的效果 [J]. 中国畜牧杂志, 2002, 38 (6): 32-33.

[12] Puga D C, Galina H M, Pérez-Gil R F, et al. Effect of a controlled-release urea supplement on rumen fermentation in sheep fed a diet of sugar cane tops (*Saccharum officinarum*), corn stubble (*Zea mays*) and King grass (*Pennisetum purpureum*) [J]. Small Ruminant Research, 2001, 39 (3): 269-276.

[13] Ortiz-Rubio M A, Ørskov E R, Milne J, et al. Effect of different sources of nitrogen on *in situ* degradability and feed intake of Zebu cattle fed sugarcane tops (*Saccharum officinarum*) [J]. Animal Feed Science and Technology, 2007, 139 (3): 143-158.

[14] Gradiz L, Sugimoto A, Ujihara K, et al. Beef cow-calf production system integrated with sugarcane production: Simulation model development and application in Japan [J]. Agricultural Systems, 2007, 94 (4): 750-762.

[15] Revin Panray Beeharry. Strategies for augmenting sugarcane biomass availability for power production in Mauritius [J]. Biomass and Bioenergy, 2001, 20 (2): 421-429.

[16] Justin Vallejo. Sugar cane makes power in world-first [M]. The Daily Telegraph, 2009: 11.

[17] Raveendran S, Mathiyazhakan K, Parameswaran B, et al. Dilute acid pretreatment and enzymatic saccharification of sugarcane tops for bioethanol production [J]. Bioresource Technology, 2011, 102: 10 915-10 921.

[18] Raveendran S, Mathiyazhakan K, Varghese E P, et al. A novel surfactant-assisted ul-

trasound pretreatment of sugarcane tops for improved enzymatic release of sugars [J]. Bioresource Technology, 2013, 135: 67-72.

[19] 冯容保. 国外氨基酸产业的发展 [J]. 发酵科技通讯, 2002, 31 (3): 17-18.

[20] 林兴舜, 郭美雅, 戴玉莲, 等. 蔗汁抑瘤等作用的药理研究 [J]. 厦门大学学报 (自然科学版), 1992 (5): 548-550.

[21] 保国裕. 从甘蔗中提制若干保健品的探讨 (上) [J]. 甘蔗糖业, 2003 (1): 40-46.

[22] DuBok C, Ki-An C, Myung-Sun N, et al. Effect of bamboo oil on antioxidative activity and nitrite scavenging activity. Journal of Industrial and Engineering Chemistry [J]. 2008, 14 (4): 765-770.

[23] Aldwin S R, David I P, Michael J D. Photo-oxidant-induced inactivation of the selenium-containing protective enzymes thioredoxin reductase and glutathione peroxidase [J]. Free Radical Biology and Medicine. 2012, 53: 1 308-1 316.

[24] Perumal S, Sellamuthu M. The antioxidant activity and free radical-scavenging capacity of dietary phenolic extracts from horse gram [*Macrotyloma uniflorum* (Lam.) Verdc.] seeds [J]. Food Chemistry, 2007, 105 (3): 950-958.

[25] 扶雄, 于淑娟, 闵亚光, 等. 从甘蔗中提取天然抗氧化活性物质 [J]. 甘蔗糖业, 2003 (5): 37-41.

[26] 沈参秋. 外国专家来华讲学汇编 [M]. 1987: 79-80.

[27] Li X Y, Shun Y, Tu B, et al. Determination and comparison of flavonoids and anthocyanins in Chinese sugarcane tips, stems, roots and leaves [J]. Journal of Separation Science, 2010, 33: 1 216-1 223.

[28] 孙晓雪. 甘蔗梢中酚类物质的提取与应用研究 [D]. 南宁: 广西大学, 2007.

原文发表于《食品研究与开发》, 2013, 34 (9): 123-126.

第二篇

甘蔗副产物活性成分的提取与制备

响应面法优化蔗梢多酚提取工艺

何雪梅[1,2]，孙　健[1,2,3]，李　丽[1,2]，盛金凤[1,2]，赵谋明[3]

(1. 广西农业科学院农产品加工研究所，南宁　530007；
2. 广西作物遗传改良生物技术重点实验室，南宁　530007；
3. 华南理工大学轻工与食品学院，广州　510640)

摘　要：【目的】优化蔗梢多酚的提取工艺条件，为蔗梢多酚的开发利用提供技术参考。【方法】以新台糖22号的蔗梢为试验原料、多酚提取率为指标，采用响应面法建立二次回归方程，以优化蔗梢多酚的提取工艺条件。【结果】通过响应面分析建立蔗梢多酚提取回归方程为 $Y = 4.41 + 0.087A + 0.074B + 0.11C + 0.073AB + 0.086AC - 0.072BC - 0.056A^2 - 0.37B^2 + 0.070C^2$（$A$ 为提取温度，B 为乙醇体积分数，C 为提取时间，Y 为蔗梢多酚提取率，$R^2 = 0.9814$），该模型拟合度较好；确定各因素对提取率影响的顺序依次为提取时间＞提取温度＞乙醇体积分数，3个因素对蔗梢多酚提取率均有极显著影响（$P < 0.01$），两因素间的交互作用均有显著影响（$P < 0.05$）；最佳提取工艺条件：以51%乙醇为提取溶剂，在超声波功率720W、提取温度70℃的条件下提取90min，蔗梢多酚提取率为4.649%，达到理论预测值的98.8%。【结论】建立的模二次数学模型对蔗梢多酚提取具有良好的预测作用。

关键词：蔗梢；多酚；响应面法；提取率

Extraction Process Optimization of Polyphenols from Sugarcane Top by Response Surface Methodology

He XueMei[1,2], Sun Jian[1,2,3], Li Li[1,2],
Sheng JinFeng[1,2], Zhao MouMing[3]

(1. Agro-food Science and Technology Research Institute, Guangxi Academy of Agricultural Sciences, Nanning 530007, China; 2. Guangxi Crop Genetic Improvement Laboratory, Nanning 530007, China; 3. College of Light Industry and Food, South China University of Technology, Guangzhou 510640, China)

Abstract: 【Objective】The extraction process conditions of polyphenols from sugarcane top were optimized to provide reference for development and utilization of polyphenols from sugarcane top. 【Method】Using sugarcane top of Xintaitang 22 as raw materials and extraction rate of polyphenols as index, the response surface methodology were used to establish quadratic regression equation and optimize polyphenols extraction conditions. 【Result】The results showed that the quadratic regression equation were established through response surface analysis, as follow: $Y = 4.41 + 0.087A + 0.074B + 0.11C + 0.073AB + 0.086AC - 0.072BC - 0.056A^2 - 0.37B^2 + 0.070C^2$ (A was extraction temperature, B was ethanol volume fraction, C was extraction time, Y was extraction rate of polyphenols, $R^2 = 0.9814$), and the model had high fitting degree. The order of factors affecting extraction rate of polyphenols from primary to secondary were as follows: extraction time > extraction temperature > ethanol volume

fraction. In addition, these 3 influencing factors had extremely significant effect on extraction rate of polyphenols ($P<0.01$), and the interaction between every two factors had significant effect on extraction rate of polyphenols ($P<0.05$). The optimized extraction conditions were as follows: 51% ethanol volume fraction as extraction solvent, ultrasonic power of 720 W, extraction temperature of 70, extracting time of 90 min. Under the above optimum conditions, the extraction rate reached up to 4.649%, which was 98.8% of theoretical value.
【Conclusion】 The established model have good prediction in extraction process of polysaccharides from sugarcane top.
Key words: sugarcane top; polyphenols; response surface methodology; extraction yield

引言

【研究意义】植物多酚是植物体内重要的次生代谢物，具有抗氧化、抑菌消炎、抗病毒、抗癌、抗心脑血管疾病等功效（Weber et al., 2003; Bawadi et al., 2005; 赵保路, 2008; 孙红男等, 2008），对人体健康起着重要作用，已成为当今医学保健研究开发的热点。蔗梢又称甘蔗尾叶，是收获甘蔗时顶上最嫩节和青绿叶片的统称，约占甘蔗生物量的10%，是甘蔗生产中的主要副产物之一，我国每年产生几千万吨蔗梢废弃物（侯佳, 2012），对环境造成严重污染。蔗梢富含多酚，高分子多酚类化合物在蔗梢中的含量达37%，在蔗叶中为33%，在蔗茎中仅占30%（保国裕, 2003; 李春海和孙卫东, 2012）。因此，开展甘蔗废弃物中多酚物质提取工艺的研究，不仅能提高甘蔗深加工产品的附加值，还能变废为宝、减轻环境污染，具有重要的经济和社会意义。【前人研究进展】近年来，巴西、日本等国家及我国台湾地区对甘蔗汁、甘蔗叶及蔗糖加工中间产物和副产物中多酚物质的研究较多，发现多酚化合物以酚酸、黄酮和黄酮苷为主，具有抗氧化、抗肿瘤和治疗胃溃疡等功效（Nagai et al., 2001; Duatre-Almeida et al.，2011；Kadam et al.，2008）。国内关于蔗梢多酚提取工艺的研究已有一些报道，如孙晓雪（2007）以60%乙醇—水溶液为提取溶剂，在料液比1∶4、提取温度60℃的条件下浸提2h，甘蔗梢多酚最终浸出量为185mg/100g；苏杏严等（2011）优选出蔗梢多酚提取工艺为乙醇体积分数60%、料液比1∶10、提取温度60℃、提取时间50min，此条件下进行验证试验得出蔗梢中黄酮类多酚化合物提取率为0.255%；李春海和孙卫东（2012）的研究结果表明，以60%乙醇为浸提溶剂，在固液质量比1∶4、60℃条件下提取2h，蔗梢多酚浸提率为183mg/100g。这些研究均采用溶剂萃取法，在单因素的基础上通过正交试验对蔗梢多酚的提取工艺进行优化，提取时间长，提取率较低。【本研究切入点】超声波浸提法因其具有操作简便、提取率高、不易破坏提取物结构等特点，已广泛应用于植物活性成分提取（王晓阳等，2011；翟旭峰等，2012）。响应面分析是将体系的响应作为一个或多个因素的函数，运用图形技术将这种函数关系显示出来。与线性回归分析和正交试验设计相比，响应面能给出直观的图形，因而能毫直觉观察其最优化点，找出最优值。目前尚无利用响应面分析法优化超声波浸提蔗梢多酚工艺条件的研究报道。【拟解决的关键问题】以蔗梢多酚的提取率为指标，运用超声波浸提法提取蔗梢多酚，采用响应面法优化其提取工艺条件，为蔗梢多酚的开发利用提供技术参考。

1 材料与方法

1.1 试验材料

供试材料为广西甘蔗主栽品种新台糖22号的蔗梢，由广西南宁糖业股份有限公司提供，采后于50℃烘干，粉碎备用。主要仪器设备：752N紫外可见分光光度计（上海精密科学仪器有限公司）、RE-52AA旋转蒸发仪（上海亚荣生化仪器厂）、SHZ-82水浴恒温振荡器（金坛市恒丰仪器厂）、101-3电热鼓风恒温干燥箱（上海浦东荣丰科学仪器有限公司）、CU600型电热恒温水箱（上海福玛实验设备有限公司)、NP-S-15-500超声波生化仪(广州市新栋力超声电子有限公司)。

1.2 试验方法

1.2.1 蔗梢多酚提取工艺流程

蔗梢粉→一定比例乙醇溶液→放入超声波生化仪中→保温提取→真空浓缩→蔗梢多酚提取物。

1.2.2 响应面法试验设计

根据Box-Behnken试验设计原理,综合前期单因素试验结果,在超声波功率720W的条件下,选取提取温度、乙醇体积分数、提取时间进行3因素3水平响应面分析试验,对蔗梢多酚的提取工艺进行优化。每个自变量的低、中、高水平分别以-1、0、1编码,以多酚提取率为响应值,试验因素及水平见表1。

表1 响应面试验因素与水平
Table 1 Factors and levels of response surface experiment

水平 Level	因素 Factor		
	A:提取温度(℃) Extraction temperature	B:乙醇体积分数(%) Ethanol volume fraction	C:提取时间(min) Extraction time
-1	50	40	60
0	60	50	75
1	70	60	90

1.2.3 多酚含量测定

采用Folin-Ciocalteu比色法测定,以没食子酸为标准品绘制标准曲线,计算多酚提取率。计算公式如下:

多酚提取率(%) = 提取物中多酚含量/所用蔗梢粉末质量×100

1.3 统计分析

采用Design Expert 7.0.0软件对响应面试验结果进行分析。

2 结果与分析

2.1 响应面分析结果

用响应面分析软件 Design Expert 7.0.0 分析其优化试验,结果见表2,经回归拟合后,各试验因子对响应值的影响可通过如下回归方程来表示:

$Y = 4.41 + 0.087A + 0.074B + 0.11C + 0.073AB + 0.086AC - 0.072BC - 0.056A^2 - 0.37B^2 + 0.070C^2$,$R^2 = 0.9814$。

由表3可知,该方程达极显著水平($P<0.01$,下同),同时失拟项不显著($P>0.05$),说明该方程对试验的拟合度较好,即可用该方程对不同提取条件下的蔗梢多酚提取率进行预测。由 F 可以看出,提取时间、提取温度和乙醇体积分数对蔗梢多酚提取率的影响均达极显著水平,各因素对提取率影响的大小依次为提取时间>提取温度>乙醇体积分数。

表2 响应面分析试验方案及结果

Table 2 Experimental program and results of response surface analysis

序号 No.	A:提取温度(℃) Extraction temperature	B:乙醇体积分数(%) Ethanol volume fraction	C:提取时间(min) Extraction time	Y:提取率(%) Extraction rate
1	-1	-1	0	3.904
2	0	0	0	4.357
3	0	1	-1	4.103
4	0	0	0	4.427
5	-1	0	-1	4.292
6	1	-1	0	3.868
7	1	1	0	4.198
8	1	0	1	4.717
9	0	1	1	4.214

(续表)

序号 No.	A：提取温度（℃） Extraction temperature	B：乙醇体积分数（%） Ethanol volume fraction	C：提取时间（min） Extraction time	Y：提取率（%） Extraction rate
10	0	0	0	4.430
11	0	-1	1	4.248
12	1	0	-1	4.357
13	0	0	0	4.423
14	-1	0	1	4.309
15	0	-1	-1	3.847
16	0	0	0	4.389
17	-1	1	0	3.941

表3 蔗梢多酚提取率的回归分析结果

Table 3 Regression analysis results on extraction rate of polyphenols from sugarcane top

项目 Item	平方和 Sum of squares	自由度 df	均方 Mean square	F	Prob > F
模型 Model	0.890	9	0.099	41.09	<0.0001**
A	0.060	1	0.060	24.99	0.0016**
B	0.043	1	0.043	18.03	0.0038**
C	0.099	1	0.099	41.07	0.0004**
AB	0.021	1	0.021	8.91	0.0204*
AC	0.029	1	0.029	12.24	0.0100*
BC	0.021	1	0.021	8.69	0.0215*
A^2	0.013	1	0.013	5.50	0.0524
B^2	0.580	1	0.580	242.10	<0.0001**
C^2	0.020	1	0.020	8.48	0.0226*
残差 Residual error	0.017	7	2.406E-003		
失拟项 Lack of fit	0.013	3	4.291E-003	4.32	0.0957
净误差 Pure error	3.973E-003	4	9.932E-004		

* 表示显著差异（$P<0.05$），** 表示差异极显著（$P<0.01$）

* represented significant difference（$P<0.05$），**：represented extremely significant difference（$P<0.01$）

2.2 因素间交互作用分析

由表3可知,提取温度、乙醇体积分数、提取时间的交互作用对蔗梢多酚提取率有显著影响($P<0.05$)。

乙醇体积分数与提取温度间的交互作用如图1所示。在乙醇体积分数和提取温度均较低时,随着乙醇体积分数的增大和提取温度的升高,多酚提取率迅速上升,在乙醇体积分数50%和提取温度70℃左右时达最大值。但随着提取温度和乙醇体积分数的继续提高,提取率开始下降。整体来看,乙醇体积分数对多酚提取率的影响大于提取温度。因此,在提取蔗梢多酚时,通过选择最适乙醇体积分数并适当降低提取温度可获得较高的提取率。

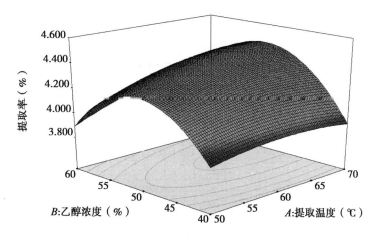

图1 乙醇体积分数与提取温度对蔗梢多酚提取率的影响

Fig. 1 Effects of ethanol volume fraction and extraction temperature on extraction rate of polyphenol from sugarcane top

乙醇体积分数与提取时间对多酚提取率的交互作用如图2所示。随着乙醇体积分数的增大和提取时间的延长,蔗梢多酚提取率呈先升高后降低的变化趋势,在乙醇体积分数50%和提取时间90min时达最大值。可见,保持适宜的乙醇体积分数和提取时间有利于促进蔗梢多酚的提取。

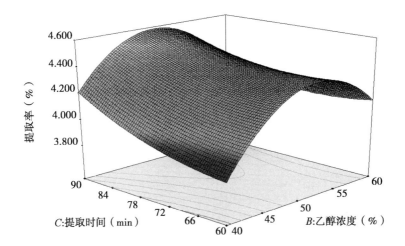

图2 乙醇体积分数与提取时间对蔗梢多酚提取率的影响
Fig. 2 Effects of ethanol volume fraction and extraction time on extraction rate of polyphenol from sugarcane top

提取时间与提取温度的交互作用如图3所示。随着提取时间的延长和提取温度的升高,蔗梢多酚的提取率缓慢提高,在较高提取温度和较长提取时间下,提取率迅速提高,在提取温度为70℃和提取时间为90min时提取率达最大值。因此,提高提取温度和延长提取时间有利于蔗梢多酚的提取(张黎明等,2014)。

2.3 验证试验结果

应用响应面分析法确定蔗梢多酚的最佳提取工艺条件:以51%乙醇为提取溶剂,在超声波功率720W、提取温度70℃的条件下提取90min,蔗梢多酚提取率为4.706%。为进一步检验该试验方法的可靠性,采用上述条件进行验证试验,测得蔗梢多酚实际提取率为4.649%,达到理论预测值的98.8%,说明采用响应面分析法优化得到的蔗梢多酚提取工艺参数准确可靠。

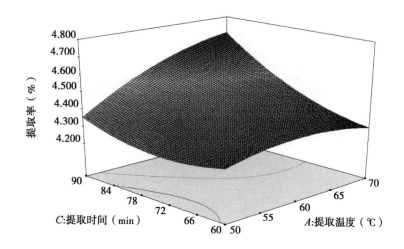

图 3 提取时间与提取温度对蔗梢多酚提取率的影响
Fig. 3 Effects of extration time and temperature on extration rate of polyphenol from sugarcane top

3 讨论

植物多酚组成复杂,其质和量在植物组织中的分布存在明显差异,在细胞水平上的分布也有限制。可溶性酚类物质主要分布在细胞液泡中,而木质素、黄酮类和不溶性多酚主要沉积在细胞壁上,并与蛋白质、多糖以氢键、疏水键相结合(李春海和孙卫东,2012),从而影响多酚提取率。Nagai 等(2001)报道,甘蔗中多酚以酚酸、花青素、儿茶素和黄酮类为主,含有可溶性及不溶性多酚,应多方面考虑以提高提取率。本研究采用超声波浸提法对蔗梢多酚进行提取,利用超声波辅助提取过程中超声波能量与物质间产生的超声空化作用和机械效应,使得涡流扩散加强,极大加快内扩散速度;同时提高提取温度以加速溶液向植物内部渗透和扩散、植物细胞内部溶质溶解和溶质从植物内部向表面扩散和向主体溶液扩散(何雪梅等,2014),从而提高多酚提取率。本研究结果表明,在适宜的超声波功率下,随着提取温度的升高,蔗梢多酚的提取率不断提高,但过高的温度会使多酚活性丧失，故以70℃为宜。

提取溶剂及其体积分数的选择是影响多酚提取效果的重要因素。虽然水是多酚的良好溶剂，但水不能破坏氢键，难以有效提取黄酮类和不溶性多酚；乙醇可以破坏氢键从而提高多酚的浸提率，但高体积分数乙醇可引起组织中蛋白质变性，阻止多酚类物质的浸出，降低提取率。因此，本研究发现蔗梢多酚提取率随乙醇体积分数的增大呈先升高后降低的变化趋势，在乙醇体积分数为51%时达最大值。

本研究利用响应面法优化蔗梢多酚工艺参数，结果发现在最佳工艺条件下可获得蔗梢多酚提取率为4.649%，明显高于苏杏严等（2011）、李春海和孙卫东（2012）采用正交试验优化工艺条件得到的蔗梢多酚提取率（1.85%和1.83%）。可见，超声波浸提法与溶剂萃取法相比，可有效提高提取效率。由于本研究仅优化了蔗梢多酚的提取率，未考虑提取过程中多酚活性的变化（如抗氧化能力、抗病毒能力和抑菌消炎活性），因此，在后续的研究中有待进一步探究。

4　结论

本研究采用响应面法优化蔗梢多酚提取工艺，得到其最佳工艺条件：以51%乙醇为提取溶剂，在超声波功率720W、提取温度70℃的条件下提取90min，蔗梢多酚提取率为4.649%，达到理论预测值的98.8%。表明建立的二次数学模型对蔗梢多酚提取具有良好的预测作用。

参考文献

[1] 保国裕.2003.从甘蔗中提制若干保健品的探讨（上）[J].甘蔗糖业，(1)：40-46.

[2] 何雪梅，孙健，李丽，等.2014.响应面法优化蔗梢多糖超声波提取工艺[J].南方农业学报，2014，45（3）：458-462.

[3] 侯佳.2012.广西甘蔗糖业产业竞争力研究[D].南宁：广西大学.

[4] 李春海，孙卫东.2012.蔗梢多酚提取工艺及抗氧化活性研究[J].中国食品添加剂，(4)：181-184.

［5］苏杏严，黄光农，宁方尧. 2011. 蔗梢中黄酮类多酚化合物提取工艺研究［J］. 甘蔗糖业，（2）：20-24.

［6］孙红男，孙爱东，苏雅静，等. 2008. 苹果多酚抑菌效果的研究［J］. 北京林业大学学报，32（4）：280-283.

［7］孙晓雪. 2007. 甘蔗梢中酚类物质的提取与应用研究［D］. 南宁：广西大学.

［8］王晓阳，唐琳，赵垒. 2011. 响应面法优化刺槐花多酚的超声提取工艺［J］. 食品科学，32（2）：66-70.

［9］翟旭峰，胡明华，冯梦莹，等. 2012. 超声提取灵芝多糖的工艺研究［J］. 现代食品科技，28（12）：1 704-1 708.

［10］张黎明，李瑞超，郝利民，等. 2014. 响应面优化玛珈叶总黄酮提取工艺及其抗氧化活性研究［J］. 现代食品科技，30（4）：233-239.

［11］赵保路. 2008. 茶多酚保护脑神经防止帕金森病损伤作用及其分子机理［J］. 生物化学与生物物理进展，35（7）：735-743.

［12］Bawadi H A, Bansode R R, Trappey H A, *et al.* 2005. Inhibition of Caco-2 colon, MCF-7 and Hs578T breast, and DU 145 prostatic cancer cell proliferation by water-soluble black bean condensed tannins［J］. Cancer Letter, 218（2）：153-162.

［13］Duarte-Almeida J M, Novoa A V, Linares A F, *et al.* 2006. Antioxidant activity of phenolics compounds from sugar cane (*Saccharum officinarum* L.) juice［J］. Plant Foods for Human Nutrition, 61（4）：187-192.

［14］Duarte-Almeida J M, Salatino A, Genovese M I, *et al.* 2011. Phenolic composition and antioxidant activity of culms and sugarcane (*Saccharum officinarum* L.) products［J］. Food Chemistry, 125（2）：660-664.

［15］Kadam U S, Ghosh S B, Strayo De, *et al.* 2008. Antioxidant activity in sugarcane juice and its protective role against radiation induced DNA damage［J］. Food Chemistry, 106（4）：1 154-1 160.

［16］Nagai Y, Mizutani T, Iwabe H, *et al.* 2001. Physiological functions of sugar cane extracts［J］. Proceeding of the 60th Annual Meeting of Sugar Industry Technologists, Taipei：14-19.

［17］Weber J M, Ruzindana-Umunyana A, Imbeault L, *et al.* 2003. Inhibition of adenovirus infection and adenain by green tea catechins［J］. Antiviral Research, 58（2）：167-173.

原文发表于《南方农业学报》，2015，46（7）：1 287-1 291.

响应面法优化蔗梢多糖超声波提取工艺

何雪梅[1,2,3]，孙　健[1,4]*，李　丽[1,2]，李昌宝[1,2]，叶文才[3]，董　怡[4]

(1. 广西农业科学院 农产品加工研究所；2. 广西作物遗传改良生物技术重点试验室：南宁　530007；3. 暨南大学药学院 中药及天然药物研究所：广州　510632；4. 华南理工大学轻工与食品学院：广州　510640)

摘　要：【目的】优化提取蔗梢多糖的最佳工艺条件，为蔗梢多糖的开发利用提供技术参考。【方法】以多糖提取率和DPPH自由基清除率为指标，采用响应面分析法优化超声波提取蔗梢多糖的工艺条件。【结果】超声波提取蔗梢多糖最佳工艺为：超声功率640W，提取温度69℃，提取时间29min，在此条件下，其多糖提取率为4.68%，DPPH自由基清除率为74.89%。【结论】采用响应面法优化蔗梢多糖超声波提取工艺具有较高的可行性。

关键词：蔗梢；多糖；超声波提取；提取率；DPPH自由基清除率；响应面法

Optimization of Ultrasonic Extraction of Polysacchrides from Sugarcane (*Saccharum officinarum* L.) Tops by Response Surface Analysis

He Xuemei[1,2,3], Sun Jian[1,4], Li Li[1,2],
Li Changbao[1,2], Ye Wencai[3], Dong Yi[4]

(1. Institute of Agro-food Science & Technology, Guangxi Academy of Agricultural Sciences, Nanning 530007, China; 2. Guangxi Crop Genetic Improvement Laboratory, Nanning 530007, China; 3. Insititute of Traditional Chinese Medicine and Natural Products, College of Pharmacy, Jinan University, Guangzhou 510632, China; 4. College of Light Industry and Food, South China University of Technology, Guangzhou 510640, China)

Abstract: [Objective] The extraction parameters of polysaccharides in sugarcane (*Saccharum officinarum* L.) tops were optimized by utilization of sugarcane tops polysaccharides. [Method] Polysaccharides yield and antioxidant ability as the index, the response surface analysis (RSA) was used to optimize the ultrasonic extraction conditions for polysaccharides from sugarcane tops. [Result] The optimal conditions were ultrasonic power of 640 W, extraction temperature of 69℃, and extraction time of 29 min. Under the optimal extraction conditions, the extraction yield and the DPPH scavenging rate of polysaccharides was 4.68% and 74.89%, respectively. [Conculsion] The response surface methodology was a reasonable method to optimize the extraction parameters of sugarcane tops polysaccharides.

Key words: sugarcane tops; polysaccharides; the response surface analysis; ultrasonic extraction

0　引言

【研究意义】甘蔗属禾本科（Graminaeeae）甘蔗属（*Saccharum* L.）植物，是我国主要的制糖原料。广西是我国甘蔗第一大省，其种植面积约占全国总面积的60%（侯佳，2012）。蔗梢又称甘蔗尾叶，是收获甘蔗时顶上最嫩节和青绿叶片的统称，约占甘蔗生物量的10%，是甘蔗生产中的主要副产物之一。广西每年产出几千万吨的蔗梢废弃物，除少部分作饲料和留种以外，大部分被焚烧，既造成严重的空气污染与安全隐患，又造成资源浪费，因此，如何进一步开发利用蔗梢已迫在眉睫。【前人研究进展】植物多糖是由十个以上的单糖通过糖苷键连接而成的化合物，在降血糖、抗肿瘤、抗衰老等方面具有独特的生理活性，且具有无毒、副作用小的优点，已引起保健食品行业和医药工业的极大兴趣（马宝瑕等，2003；Silva *et al*.，2009；Yang *et al*.，2009）。目前，国内外甘蔗中多糖的研究多集中在甘蔗副产物蔗渣和蔗叶多糖。刘强等（2008）采用热水浸提乙醇沉淀的方法提取蔗渣多糖，对甘蔗渣多糖的免疫抑制作用进行研究，发现甘蔗渣多糖能显著提高免疫抑制小鼠免疫功能。Mellinger-Silvad等（2011）在100℃条件下用40% KOH溶液提取蔗渣多糖5h，多糖得率达82%，并发现从甘蔗渣中分离获得的多糖可保护因饮酒引起的胃溃疡。江恒等（2012）利用热水浸提法提取蔗叶多糖，提取条件为料液比1∶5，100℃提取3h，并对甘蔗叶多糖进行分离纯化，得到一种单一多糖，且发现其对人鼻咽癌CNE2细胞的生长有抑制作用。总结以往文献发现，甘蔗多糖具有较好的生理活性，值得我们进一步深入研究。甘蔗多糖的提取方法多采用传统的热水或热碱浸提，提取时间长、温度高，易对多糖的结构造成破坏，应对其提取方法做进一步改进。【本研究切入点】超声波产生强烈的振动、较高的加速度、强烈的空化效应及搅拌作用等（Vilkhu *et al*.，2008；Tabaraki and Nateghi，2011），能加速有效成分进入溶剂，提高目标物质的提取率，降低能耗，现已广泛应用于活性物质的制备过程中（陈赶林等，2011；黄晓兵等，2012），并取得良好的效果，但目前有关超声波提取蔗梢多糖的研究鲜见报道。【拟解决的关键问题】以多糖提取率和抗氧化活性（DPPH自由基清除能力）为指标，采用响应面分析法优化超声波提取蔗梢多糖的工艺条件，以期得到提取率高和抗氧化活性好的多糖的最佳提取条件。

1 材料与方法

1.1 试验材料

供试原料由广西南宁糖业股份有限公司提供，为广西主栽品种新台糖-22的蔗梢。蔗梢采后50℃烘干，粉碎备用。主要仪器设备：752N紫外可见分光光度计（上海精密科学仪器有限公司）、RE-52AA旋转蒸发仪（上海亚荣生化仪器厂）、SHZ-82水浴恒温振荡器（金坛市恒丰仪器厂）、101-3电热鼓风恒温干燥箱（上海浦东形容科学仪器有限公司）、CU600型电热恒温水箱（上海福玛实验设备有限公司）、NP-S-15-500超声波生化仪（广东新动力超声电子设备有限公司）。

1.2 试验方法

1.2.1 原料预处理

蔗梢粉加入95%乙醇回流提取2h，除去色素及其他醇溶性杂质，减压浓缩，即获得蔗梢粉。

1.2.2 超声波法提取蔗梢多糖工艺流程

蔗梢粉→一定比例蒸馏水→超声波提取→离心→取上清液→80%乙醇→4℃下醇沉过夜→沉淀用蒸馏水复溶→蔗梢多糖溶液。

1.2.3 响应面优化超声波法提取蔗梢多糖

根据Box-Behnken试验设计原理，综合前期单因素试验结果，选取超声功率（480~800W）、提取温度（60~80℃）、提取时间(20~

40min）进行3因素3水平响应面分析试验，对蔗梢多糖的超声波提取工艺进行优化。每个自变量的低、中、高水平分别以 -1、0、1 编码，以多糖提取率（Y_1）和 DPPH 自由基清除能力（Y_2）为响应值，具体试验方案见表1。

1.2.4 多糖含量测定

采用通用的苯酚—硫酸法测定多糖含量，以葡萄糖为标准品制作标准曲线。多糖提取率按照下列公式计算：

多糖提取率（%）= 原料中多糖含量（g）/原料总重量（g）×100

1.2.5 DPPH 自由基清除能力测定

DPPH 自由基在有机溶剂中是一种稳定的自由基，其醇溶液呈深紫色，在 517nm 处有强吸收。有自由基清除剂存在时，DPPH 自由基的单电子被配对而使其颜色变浅，且颜色变浅的程度与配对电子数成化学剂量关系。配制 DPPH 自由基溶液 0.2mmol/L，试验分为样品组、对照组（Trolox）和空白组，加入样品和 DPPH 自由基溶液后，用涡旋振荡器充分混匀，避光反应 30min 后在 517nm 处测定吸光值（彭川丛等，2011）。

DPPH 自由基清除率(%) = $[1-(A_{样品}-A_{对照})/A_{空白}] \times 100$

式中，$A_{样品}$ 为样品与 DPPH 自由基溶液混合液的吸光值，$A_{对照}$ 为样品与无水乙醇混合液的吸光值，$A_{空白}$ 为 DPPH 自由基溶液与无水乙醇混合液的吸光值。

2 结果与分析

2.1 响应面法优化蔗梢多糖提取工艺

2.1.1 多糖提取率优化

用响应面分析软件 Design Expert 7.0.0 分析其优化试验结果（表1），经回归拟合后，各试验因子对响应值（多糖提取率）的影响可通过如下回归方程来表示：

$Y_1 = 4.84 + 0.23A + 0.25C + 0.22AB + 0.374AC + 0.21BC - 0.40A^2 - 1.18B^2 - 0.52C^2$

由表 2 可知,该方程达极显著水平,同时失拟项不显著,说明该方程对试验的拟合度较好,即可用该方程对不同提取条件下的蔗梢多糖提取率进行预测。由 F 可以看出,提取时间和超声波功率对蔗梢多糖提取率影响极显著,而提取温度的影响未达显著水平,各因素对提取率影响的大小依次为提取时间 > 超声波功率 > 提取温度。

表1 响应面分析试验方案及结果

Tab. 1 Experimental programs and results of RSA

序号 number	A:超声波功率(W) Power	B:提取温度(℃) Temperature	C:提取时间(min) Time	Y_1:提取率(%) Yield	Y_2:DPPH自由基清除能力(%) DPPH·scavengingactivity
1	480	60	30	3.124	70.8168
2	800	60	30	3.236	46.7448
3	480	80	30	2.820	69.6768
4	800	80	30	3.816	55.3344
5	480	70	20	3.760	77.2296
6	800	70	20	3.388	73.4632
7	480	70	40	3.692	74.5096
8	800	70	40	4.816	36.7656
9	640	60	20	3.068	73.8504
10	640	80	20	2.868	69.2496
11	640	60	40	2.976	70.6592
12	640	80	40	3.620	58.0640
13	640	70	30	4.812	70.2128
14	640	70	30	4.988	79.6176
15	640	70	30	4.700	73.3472
16	640	70	30	4.956	72.4824
17	640	70	30	4.732	70.8296

表2 蔗梢多糖提取率回归分析结果
Tab. 2 Regression analysis results of polysaccharide yield from sugarcane tops

项目 Source	平方和 Sum of Squares	自由度 df	均方 Mean square	F	Prob > F	显著性 Significant
Model	10.334210	9	1.148245	54.309190	< 0.0001	**
A	0.432450	1	0.432450	20.453830	0.0027	**
B	0.064800	1	0.064800	3.064881	0.1235	
C	0.510050	1	0.510050	24.124120	0.0017	**
AB	0.195364	1	0.195364	9.240239	0.0189	*
AC	0.559504	1	0.559504	26.463170	0.0013	**
BC	0.178084	1	0.178084	8.422937	0.0229	*
A^2	0.686545	1	0.686545	32.471900	0.0007	**
B^2	5.910531	1	5.910531	279.553600	< 0.0001	**
C^2	1.137651	1	1.137651	53.808090	0.0002	**
残差 Residual	0.147999	7	0.021143			
失拟项 Lack of Fit	0.080620	3	0.026873	1.595349	0.3234	
净误差 Pure Error	0.067379	4	0.016845			

* 表示显著差异（$P < 0.05$），** 表示极显著差异（$P < 0.01$）。下同

2.1.2 因素交互作用分析

由表2可知，超声波功率（A）、提取温度（B）、提取时间（C）之间的相互交互作用对蔗梢多糖提取率有显著影响。

超声波功率与提取温度之间的交互作用如图1所示。在提取温度和超声波功率均较低时，随着超声波功率的增大和提取温度的升高，多糖提取率迅速上升，在超声波功率640W和提取温度70℃左右时达最大值。随着提取温度和超声波功率的继续提高，提取率开始下降。整体来看，多糖提取率随着超声波功率和提取温度的提高呈先增大后减小的变化趋势。超声波的空化现象、机械振动等作用可以加快植物细胞壁破碎，使蔗梢多糖加快溶出，但随着超声波功率和提取温度的不断提高，多糖提取率反而下降，可能是因为过高的超声波频率使多

糖糖链断裂成为单糖和寡糖，从而降低多糖含量（彭川丛等，2011）。因此，保持适宜的超声波功率和提取温度有利于促进蔗梢多糖的提取。

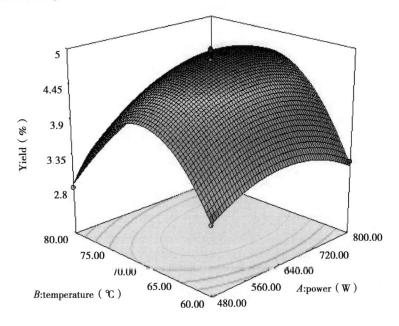

图1　超声波功率与提取温度对蔗梢多糖提取率的影响

Fig. 1　Effects of ultrasonic power and temperature on the extraction yield of sugarcane top polysaccharides

当提取温度为70℃时，超声波功率与提取时间的交互作用见图2。总体上看，多糖提取率随着超声波功率的增大和提取时间的延长而呈先增大后减小的变化趋势，在超声波功率640W和提取时间30min左右时，提取率达最大值。在较低的超声波强度下，随着提取时间的延长，胞内多糖快速溶出，迅速达到最大值；但长时间的高强度超声波作用，使多糖不断被打断成寡糖或单糖，从而降低多糖含量。因此，保持适宜的超声波功率和提取时间有利于促进蔗梢多糖的提取。

当超声波功率为640W时，提取温度与提取时间的交互作用见

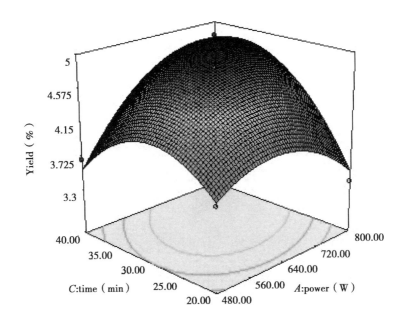

图 2 超声波功率与提取时间对蔗梢多糖提取率的影响

Fig. 2 Effects of ultrasonic power and time on the extraction yield of sugarcane top polysaccharides

图 3。由图 3 可以看出,多糖提取率随着提取温度和提取时间的增加,呈先增大后减小的变化趋势,在提取温度 70℃ 和提取时间 30min 左右时,提取率达最大值。这是因为多糖的长链结构不稳定,在较高温度和较长时间的超声波作用下容易被破坏,而导致多糖提取率下降。

2.2 DPPH 自由基清除能力的响应面优化

2.2.1 多糖清除 DPPH 自由基能力优化

蔗梢多糖清除 DPPH 自由基能力的响应面分析结果见表 3,经回归拟合后,各试验因子对响应值(DPPH 自由基清除率)的影响可以通过如下回归方程来表示:

$Y_2 = 77.30 - 9.99A - 6.72C - 8.49AC - 7.56A^2$

该模型达极显著水平,且失拟项不显著,模型拟合度达 0.8984,

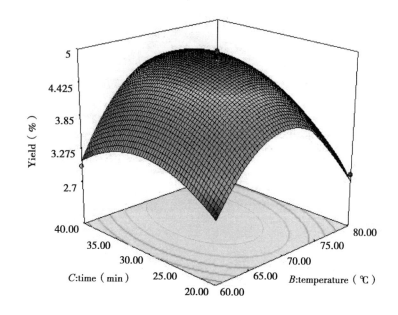

图 3 提取温度与提取时间对蔗梢多糖提取率的影响
Fig. 3 Effects of temperature and time on the extraction yield of sugarcane top polysaccharides

说明该模型与实际情况拟合度高,其试验设计准确可靠,可用该方程对不同提取条件下的蔗梢多糖清除 DPPH 自由基能力进行预测。根据 F 可以看出,超声波功率和提取时间对蔗梢多糖提取率影响显著,而提取温度的影响未达显著水平,各因素对提取率影响的大小依次为超声波功率 > 提取时间 > 提取温度。

表 3 蔗梢多糖清除 DPPH 自由基能力回归分析结果
Table 3 Regression analysis results of DPPH · scavenging activity of sugarcane top polysaccharides

项目 Source	平方和 Sum of Squares	自由度 df	均方 Mean square	F	Prob > F	显著性 Significant
Model	1872.1950	9	208.02170	6.877709	0.0094	**
A	798.4967	1	798.49670	26.400270	0.0013	**

(续表)

项目 Source	平方和 Sum of Squares	自由度 df	均方 Mean square	F	Prob > F	显著性 Significant
B	11.8740	1	11.87404	0.392585	0.5508	
C	361.7297	1	361.72970	11.959670	0.0106	*
AB	23.6663	1	23.66628	0.782465	0.4057	
AC	288.6193	1	288.61930	9.542465	0.0176	*
BC	15.97761	1	15.97761	0.528259	0.4909	
A^2	240.5996	1	240.59960	7.954815	0.0258	**
B^2	109.3209	1	109.32090	3.614418	0.0990	
C^2	0.2562	1	0.25617	0.008470	0.9293	
残差 Residual	211.7205	7	30.24578			
失拟项 Lack of Fit	155.5041	3	51.83469	3.688224	0.1198	
净误差 Pure Error	1872.1950	9	208.02170	6.877709	0.0094	

2.2.2 因素交互作用分析

由表3可知，超声波功率与提取时间之间的交互作用对蔗梢多糖清除DPPH自由基能力有显著影响。当提取温度为70℃时，超声波功率与提取时间对蔗梢多糖清除DPPH自由基能力的交互作用见图4。当超声波功率较小时，清除DPPH自由基能力随着提取时间的延长而逐渐增强；而当超声波功率增大时，多糖清除DPPH自由基能力迅速减弱。提取时间对多糖清除DPPH自由基能力影响亦显著，当提取时间较短时（20min），随着超声波功率的逐步增大，清除率呈先增大后减小的变化趋势；而提取时间延长后，超声波功率的增大导致清除率迅速降低。其原因可能是超声波的机械剪切作用，在较短的提取时间和适当的超声强度下，多糖长链结构变得疏松，使其活性基团暴露，从而增强了多糖的抗氧化作用；而长时间的高强度超声波作用，使其结构改变，长链断裂，导致多糖活性降低（高擎等，2012）。

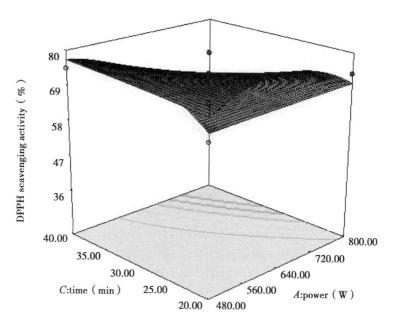

图4 超声波功率与提取时间对蔗梢多糖DPPH自由基清除率的影响
Fig. 4 Effects of ultrasonic power and time on DPPH · scavenging rate of sugarcane top polysaccharides

2.3 最佳提取条件验证与确定

综合考虑多糖提取率和DPPH自由基清除率,Design Expert 7.0.0给出的最佳提取工艺:超声功率640W,提取温度69℃,提取时间29min,该工艺条件下多糖提取率和DPPH自由基清除率分别为4.77%和75.22%。为检验RSM分析的可靠性,采用Design Expert 7.0.0给出的最佳提取工艺条件进行验证试验,结果得到多糖提取率和DPPH自由基清除率的测定值分别为4.68%和74.89%,与模型预测值无显著性差异,说明采用响应面分析法优化蔗梢多糖超声提取工艺具有较高的可行性。

3 讨论

多糖提取的传统方法是热水浸提法（沸水提取 2～3h），但该方法耗时长、效率低、活性不高，因此，如何提高多糖提取率并保持其活性是研发多糖产品的关键。植物有效成分提取的机制非常复杂，一般可分 3 个步骤：（1）溶液向药材内部渗透和扩散；（2）药材内部溶质溶解；（3）溶质从药材内部向药材表面扩散和向主体溶液扩散。其中，溶质内扩散被认为是可控制的关键步骤。在超声波辅助提取过程中，超声波场声能量与物质间产生超声空化作用，伴随超声空化产生机械效应引起的液流宏观湍动、固体粒子高速碰撞和固体内微孔介质微扰动，使得涡流扩散加强，极大加快内扩散速度。本研究采用超声波浸提法，在较低的提取温度 69℃ 和较短的提取时间 29min 下，蔗梢多糖即可被充分提取出来；用传统的热水浸提法，则需在 90～100℃ 下提取 3～6h，才能达到同等的效果（闫超等，2008；江恒等，2012）。因此，采用超声波提取甘蔗多糖是一种简单高效的提取方法。

多糖具有一定的抗氧化活性，在免疫调节、抗肿瘤、抗病毒、抗氧化和降血糖等方面显示出良好的应用前景，且来源广泛、无毒，是理想的药物和保健食品基料。多糖的抗氧化活性与其分子量和结构之间存在密切联系（翟旭峰等，2012）。超声波可通过断裂糖苷键将多糖降解到一定的分子量，并可改变多糖的构象（高擎等，2012），从而影响多糖抗氧化活性。因此，本研究选取多糖提取率和 DPPH 自由基清除率两个指标为响应值，采用响应面分析法优化超声波提取蔗梢多糖的工艺条件，结果表明，超声波提取蔗梢多糖最佳工艺：超声功率 640W，提取温度 69℃，提取时间 29min，在此条件下，其多糖提取率为 4.68%，DPPH 自由基清除率为 74.89%。这为蔗梢多糖的开发利用提供了理论基础和技术指导。

4 结论

本研究利用响应面分析法对超声波提取蔗梢多糖的工艺条件进行优化，得到最佳提取工艺：超声功率640W，提取温度69℃，提取时间29min，在此条件下，其多糖提取率为4.68%，DPPH自由基清除率为74.89%。可见，采用响应面法优化蔗梢多糖超声波提取工艺具有较高的可行性。

参考文献

［1］陈赶林，林波，莫磊兴，等.2011.天然蔗蜡脂产物的超声波辅助提取与分析［J］.西南农业学报，24（1）：376－379.

［2］高擎，游丽君，赵谋明.2012.超声辅助提取松茸抗氧化多糖工艺的研究［J］.食品工业科技，33（7）：298－302.

［3］侯佳.2012.广西甘蔗糖业产业竞争力研究［D］.广西南宁：广西大学，65－66.

［4］黄晓兵，林丽静，周瑶敏，等.2012.响应面法超声提取龙眼核黄酮工艺的优化［J］.江西农业学报，24（4）：116－119.

［5］江恒，苏纪平，方锋学，等.2012.甘蔗叶多糖的提取分离及体外抗肿瘤作用研究［J］.临床合理用药，5（5）：28－31.

［6］刘强，宋雨鸿，李慧，等.2008.甘蔗渣多糖对免疫抑制小鼠免疫功能的影响［J］.南方医科大学学报，28（10）：1 911－1 914.

［7］马宝瑕，陈新，邓军娥.2003.中药多糖研究进展［J］.中国医院药学杂志，23（6）：360－362.

［8］彭川丛，孔静，游丽君，等.2011.超声波辅助热水浸提香菇多糖响应面优化工艺及其抗氧化活性的研究［J］.现代食品科技，27（4）：452－456.

［9］闫超，黄建城，刘昔辉，等.2008.超滤法提取分离甘蔗叶多糖的研究.生物技术，18（3）：49－51.

［10］翟旭峰，胡明华，冯梦莹，等.2012.超声提取灵芝多糖的工艺研究.现代食品科技，28（12）：1 704－1 708.

［11］Da Silva B P，Silva G DM，Parente J P. 2009. Chemical properties and adjuvant activity of a galactoglucomannan from *Acrocomia aculeata*［J］. Carbohydrate Polymers，75（3）：380－384.

［12］Mellinger-Silva C，Simas-Tosin F F，Schiavini D N，et al. 2011. Isolation of a gastroprotective arabinoxylan from sugarcane bagasse［J］. Bioresource Technology，102：

10 524 – 10 528.

［13］Tabaraki R, Nateghi A. 2011. Optimization of ultrasonic-assisted extraction of natural antioxidants from rice bran using response surface methodology ［J］. Ultrasonics Sonochemistry, 18: 1 279 – 1 286.

［14］Vilkhu K, Mawson R, Simons L, *et al.* 2008. Applications and opportunities for ultrasound assisted extraction in the food industry-A review ［J］. Innovative Food Science & Emerging Technologies, 9: 161 – 169.

［15］Yang B, Jiang Y M, Zhao M M, *et al.* 2009. Structural characterisation of polysaccharides purified from longan (*Dimocarpus longan* Lour.) fruit pericarp ［J］. Food Chemistry, 115 (2): 609 – 614.

原文发表于《南方农业学报》，2014，45（3）：458 – 462.

超声波辅助提取甘蔗渣木聚糖工艺优化

孙　健[1]，李　丽[2,3]，盛金凤[2,3]，何雪梅[2,3]，李昌宝[2,3]，赵谋明[1*]，游向荣[2,3]，刘国明[2,3]

（1. 华南理工大学轻工与食品学院，广东广州　510640；
2. 广西农业科学院农产品加工研究所，广西南宁　530007；
3. 广西作物遗传改良生物技术重点实验室，广西南宁　530007）

摘　要：以甘蔗渣为原料制备木聚糖，为甘蔗加工副产物的深度开发及工业化利用提供理论和方法参考。采用超声波辅助提取甘蔗渣中木聚糖，在单因素试验的基础上，采用响应曲面法研究了NaOH浓度、液料比、超声波处理时间对木聚糖提取效果的影响。结果表明，超声波辅助提取甘蔗渣中木聚糖的最佳条件为NaOH浓度6%、液料比38∶1（mL/g），超声波处理时间28.4min。在此条件下实际测得的平均提取率为28.39%。

关键词：甘蔗渣；木聚糖；超声波辅助提取；响应面法

Optimization for Ultrasonic-assisted Extraction of Xylan from Bagasse

Sun Jian[1,*], Li Li[2,3], Sheng Jinfeng[2,3], He Xuemei[2,3], Li Changbao[2,3], Zhao Mouming[1,*], You Xiangrong[2,3], Liu Guoming[2,3]

(1. College of Light Industry and Food, South China University of Technology, Guangzhou 510640, Guangdong, China; 2. Institute of Agro-food Science & Technology, Guangxi Academy of Agricultural Sciences, Nanning 530007, Guangxi, China; 3. Guangxi Crop Genetic Improvement Laboratory, Nanning 530007, Guangxi, China)

Abstract: This research was to extract and produce xylan from bagasse, which provided a theoretical and methodological instruction for development and utilization of sugarcane by-products. On the basis of single factor test, the response surface method was designed to study the effects of NaOH concentration, liquid material rate and ultrasonic processing time on xylan extraction rate. The results showed that the optimum condition for ultrasonic-assisted extraction of xylan was as follows: NaOH concentration 6%, liquid material rate 38 : 1 (mL/g), and ultrasonic processing time 28.4min. Under this condition, the actual average extraction rate of xylan was 28.39%.

Key words: bagasse; xylan; ultrasonic-assisted extraction; responses surface methodology

甘蔗是广西特色大宗农产品，2012年广西甘蔗的产量达到7 500万吨，占全国总产量的60%。蔗渣是甘蔗糖厂最大量的副产物，它是甘蔗经压榨或渗出处理后剩余的纤维残渣，为甘蔗重量的24%~27%（以蔗渣水分约50%计），并且每生产出1t的蔗糖，就会产生2~3t的蔗渣[1-2]。目前除小部分蔗渣用于造纸外，大部分直接被用作锅炉燃料烧掉，不仅造成资源浪费，还严重污染环境。甘蔗渣中含大量的纤维素、半纤维素和木质素，经降解后可得到木聚糖[3-4]。木聚糖是一种广泛存在于植物纤维中的多聚五碳糖，在玉米芯、甘蔗渣、稻壳以及棉籽壳中含量较为丰富，一般能高达30%以上。其降解后所产生的低聚木糖不仅具有促进人体钙吸收、抑制病原菌等多重功效，而且还可以用作基本碳源生产各种发酵产品。张晋博等以甘蔗渣为原料制备低聚木糖。通过单因素实验选取实验因素与水平，响应面分析得出最佳工艺条件：微波处理压力0.9MPa、微波处理时间17min、木聚糖酶用量0.7%（相对于原料甘蔗渣），甘蔗渣酶解液中还原糖含量可达到9.21mg/mL。最佳条件下的TLC显示：酶解液主要成分是木二糖和木三糖[5]。何亮亮和陆登俊采用响应面分析法优化了甘蔗渣中木聚糖的提取工艺，得到了蔗渣中木聚糖提取的最佳工艺条件：NaOH浓度8.86%、水解时间205min、液料比66∶1（mL/g），在此条件下木聚糖的得率为27.94%[6]。丁胜华等从蔗渣中提取木聚糖后，采用酶法水解制备低聚木糖，采用碱法提取工艺：NaOH浓度4%，料液比1∶15（g/mL），30.0℃提取24.0h，此条件下木聚糖产率达20.67%[7]。利用蔗渣制备木聚糖具有十分广阔的前景。但要提高木聚糖的产率，必须降低蔗渣的聚合度、结晶度，破坏木质素、半纤维素的结合层，脱去木质素，增加有效比表面积[8]。超声波可以在较低的温度下大大促进溶剂提（浸、萃）取有效成分的过程，降低生产时间、能源、溶剂的消耗以及废物的产生，同时能强化提取过程、提高产率和提取物的纯度，既降低了操作费用，又合乎环境保护的要求，是一种有良好发展前途的新工艺[9-10]。目前，采用超声波辅助提取甘蔗渣木聚糖的影响的报道较少。采用超声波辅助提取甘蔗渣中木聚糖，在单因素的基础上，采用响应曲面法，研究NaOH浓度、超声波处理时间、液料比对木聚糖提取效果的影响，为甘蔗加工副产物的的深度开发及工业化生产提供良好的理论和方法参考。

1 材料与方法

1.1 试验材料与设备

甘蔗渣：取自南宁糖业股份有限公司。D-木糖、3,5-二硝基水杨酸、氢氧化钠、硫酸、酒石酸钾钠、无水亚硫酸钠、苯酚等均为分析纯。

KQ-300VDE 型双频数控超声波清洗器：昆山市超声仪器有限公司；UV-2000 型紫外可见分光光度计：尤尼柯（上海）仪器有限公司；pH211 pH 计：HANNA instruments；DK-S24 型电热恒温水浴锅：上海精宏实验设备有限公司；MVS-1 漩涡混合器：北京金北德工贸有限公司。

1.2 方法

1.2.1 原料预处理

将甘蔗渣晾干、除杂后，粉粹过 40 目筛。将蔗渣在常温下用清水浸泡 12h 冲洗去除残余蔗糖，收集蔗渣置于恒温干燥箱中 60.0℃ 干燥至恒重，取出放于干燥器中，备用。

1.2.2 超声波提取木聚糖

取原料适量，按照一定的固液比加入氢氧化钠溶液，置于超声波清洗器中。提取结束后，将样品于 3 000r/min 离心 10min，取上清液，残渣用蒸馏水反复洗涤至中性，洗液并入上清液中和至 pH 值 7~8，旋转蒸发浓缩，定容至 100mL 容量瓶中摇匀待用。

1.2.3 木聚糖提取率的测定

准确吸取一定量的样品溶液于 50mL 容量瓶，加入 1.5mL 3,5-二硝基水杨酸（DNS）溶液和 2mL 蒸馏水，于沸水浴中加热 5min，显色后迅速冷却，用蒸馏水稀释定容。另取一 50mL 容量瓶，加入 1.5mL DNS 溶液，用蒸馏水稀释定容作为空白溶液，用 1 cm 比色皿，选择适当的吸收波长,测定其吸光度并计算木聚糖的含量。

木聚糖提取率(%) = [(还原糖含量 × 稀释倍数 × 0.88)/甘蔗渣的质量] ×100

2 结果与分析

2.1 木糖最大吸收峰的测定

准确吸取标准 D-木糖溶液 1.0mL 于 50mL 容量瓶中,按基本试验法,配成含量为 1mg/L 的标准 D-木糖溶液选择不同的波长,分别测定其吸光度,见图1。

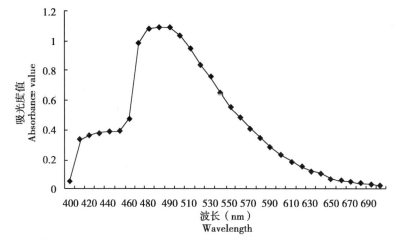

图 1　波长与吸光度的关系

Fig. 1　Relationship of wavelength and absorption

图 1 表明:在 483nm 处有最大吸收峰,故选择 $\lambda = 483$nm。

2.2 木糖标准曲线

取 6 支 25mL 具塞刻度试管,分别加入 0mL、0.2mL、0.4mL、0.6mL、0.8mL、1.0mL、1.2mL 浓度为 1mg/mL 的 D-木糖标准液,加蒸馏水至 2mL,再加入 1.5mL DNS 试剂,充分混合均匀后沸水浴

5min。迅速冷却至室温，在483nm波长处测定吸光度值，绘制标准曲线。以吸光度 y 为纵坐标，木糖浓度 x 为横坐标建立标准曲线（图2），回归方程：$y=0.9657x-0.017$（$R^2=0.9938$）。

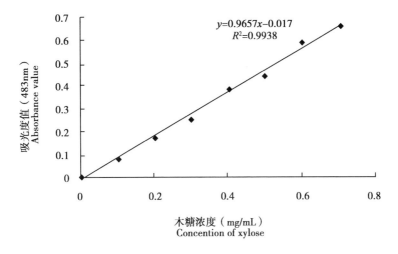

图2　木糖标准曲线

Fig. 2　Xylose standard curve

2.3　超声波辅助提取甘蔗渣制备木聚糖的影响单因素试验

2.3.1　NaOH浓度对木聚糖提取率的影响

测定使用不同浓度的NaOH抽提液对超声波辅助提取木聚糖提取率的影响，结果见图3。

由图3可知，木聚糖提取率随NaOH溶液浓度的增高而增加，NaOH溶液浓度至6%后木聚糖提取率增加趋于缓慢，考虑到碱溶液浓度太高，对甘蔗渣中碳水化合物的破坏增加，同时会影响后序工艺，NaOH溶液浓度确定为6%。

2.3.2　液料比对木聚糖提取率的影响

分别以15∶1、25∶1、35∶1、45∶1、55∶1和65∶1的料液比，NaOH溶液浓度为6%，超声提取30min，考察木聚糖得率随料液比变化的情况，见图4。

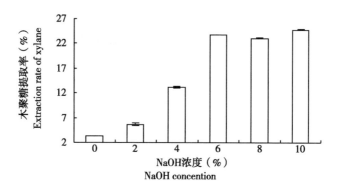

图 3　NaOH 溶液浓度对木聚糖提取率的影响
Fig. 3　Effects of NaOH concentration on extraction rate of xylane

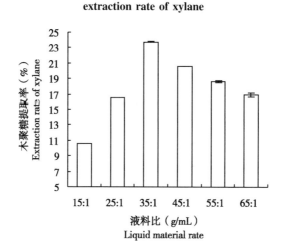

图 4　液料比对木聚糖提取率的影响
Fig. 4　Effects of liquid material rate on extraction rate of xylane

由图 4 可知，甘蔗渣木聚糖的提取率随着液料比的增加而升高，在 35∶1 处达到提取率最大值，而后随着溶液量的进一步增大，提取率呈现缓慢下降趋势。这主要是因为在一定范围内，料液比越高，单位料样所接触到的提取液的有效面积就越大，纤维素的溶胀作用增强，有利于料样中半纤维素和纤维素的溶出，表现为提取率的显著升高；当继续增加料液比时，碱的浓度被稀释，单位料样接触到的有效碱量反而减少，因此，随着料液比的继续升高，木聚糖的提取率缓慢降低。故选取提取的最佳料液比为 35∶1。

2.3.3 超声波处理时间对木聚糖提取率的影响

测定在液料比 35∶1，NaOH 浓度 6% 的条件下，超声提取时间对木聚糖提取率的影响，结果见图 5。

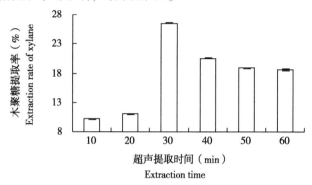

图 5 超声提取时间对木聚糖提取率的影响
Fig. 5 Effects of ultrasonic extraction time on extraction rate of xylane

由图 5 可以看出，木聚糖提取率随着时间的延长先呈明显的上升趋势，而后缓慢下降，这是因为在反应开始后，甘蔗渣中的纤维素和半纤维素迅速溶出，经水解生成可溶性木糖和低聚木糖，使溶液中的糖组分迅速增大；当反应继续进行时，部分木聚糖降解导致提取率下降。因此，选取超声提取时间为 30min。

2.4 响应曲面法优化超声波处理甘蔗渣制备低聚木糖研究

2.4.1 响应曲面分析因素与水平的选取

在单因素试验结果基础上，采用中心组合试验 Box-Behnken 设计方案，选取 NaOH 浓度（%），液料比（mL/g），超声时间（min）三因素进行响应曲面试验。因素水平的设计见表 1。

表 1　响应曲面分析试验因素水平及编码表
Table 1　Factors and levels coding of the response surface analysis

水平	因素		
	NaOH 浓度（%）	液料比（mL/g）	超声提取时间（min）
−1	5	30∶1	25
0	6	35∶1	30
1	7	40∶1	35

2.4.2　响应面分析实验方案及结果

以木聚糖提取率为响应值，具体实验方案及结果见表 1，由响应面分析软件 Design Expert 7.0.0 得到的分析结果见表 2。

表 2　响应曲面分析试验结果
Table 2　The methods and results of the response surface analysis

试验号	X_1 NaOH 浓度（%）	X_2 液料比（mL/g）	X_3 超声时间（min）	Y 木聚糖提取率（%）
1	−1	−1	0	16.44
2	−1	1	0	15.10
3	1	−1	0	11.12
4	1	1	0	22.00
5	0	−1	−1	16.91
6	0	−1	1	19.96
7	0	1	−1	26.21
8	0	1	1	23.87
9	−1	0	−1	18.52
10	1	0	−1	17.35
11	−1	0	1	13.76
12	1	0	1	15.29
13	0	0	0	27.99
14	0	0	0	27.49
15	0	0	0	27.12

运用 Design Expert 软件对表 2 的试验数据进行回归分析，得到提取率的二次多元回归模型为：

$$Y = 27.53 + 0.24X_1 + 2.84X_2 - 0.76X_3 + 3.06X_1X_2 + 0.67X_1X_3 - 1.35X_2X_3 - 8.44X_1^2 - 2.93X_2^2 - 2.87X_3^2$$

$(R^2 = 0.9780)$ （1）

对模型进行方差分析，结果如表 3 所示。

表3 回归模型方差分析

Table 3 Analysis of variance for regression model

项目	平方和	自由度	均方	F 值	P 值
模型	414.21	9	46.02	24.64	0.0013
X_1	0.47	1	0.47	0.25	0.6371
X_2	64.70	1	64.70	34.64	0.0020
X_3	4.67	1	4.67	2.50	0.1748
X_1X_2	37.33	1	37.33	19.99	0.0066
X_1X_3	1.82	1	1.82	0.98	0.3686
X_2X_3	7.26	1	7.26	3.89	0.1057
X_1^2	262.89	1	262.89	140.75	< 0.0001
X_2^2	31.71	1	31.71	16.98	0.0092
X_3^2	30.32	1	30.32	16.23	0.0100
残差	9.34	5	1.87		
失拟	8.96	3	2.99	15.66	0.0606
误差	0.38	2	0.19		
总和	423.55	14			

由表 3 提取率回归模型方差分析（ANOVA）可以看出：$F_{回归} = 24.64 > [F_{0.01}(9, 10) = 4.94]$，$P$ 值 = 0.0013 < 0.01，表明模型极其显著。提取率 $F_{失拟} = 0.0606 < [F_{0.05}(9, 5) = 4.77]$，表明失拟不显著。

各因素对木聚糖提取率影响的大小顺序为液料比（X_2）> 超声时间（X_3）> NaOH 浓度（X_1）。提取率模型中 X_2 液料比极显著；

二次项 X_1X_2, X_1^2, X_2^2 ($P<0.01$) 极显著, X_3^2 显著, 其余项均不显著。

根据回归方程, 作出响应面和等高线, 观察拟合响应曲面的形状, 分析 NaOH 浓度、液料比和超声波处理时间对木聚糖提取率的影响, 如图 6 至图 8 所示。

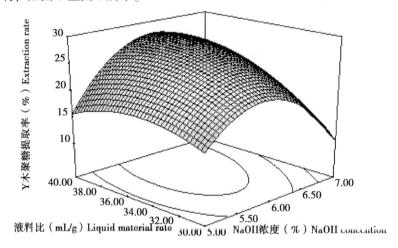

图 6　NaOH 浓度和液料比对木聚糖提取率的影响
Fig. 6　Effects of NaOH concention and liquid material rate on extraction rate of xylane

等高线的形状可反映出交互效应的强弱, 椭圆形表示两因素交互作用显著, 而圆形则与之相反。由图 6 至图 8 可以看出, NaOH 浓度和液料比交互作用显著, 其他因素之间的交互作用较小。

2.4.3　最佳提取工艺条件的确定

为了确定最佳提取工艺条件, 对模型 (1) 取一阶偏导等于零, 得到一个三元一次方程组。用 Matlab 对该方程组求解, 即可得 $X_1=6.07$, $X_2=38.45$, $X_3=28.4$, 由此可得超声波辅助提取木聚糖的最佳方案: NaOH 浓度 6.07%、液料比为 38.45:1 (mL/g), 超声波处理时间 28.4min, 在此工艺条件下木聚糖提取率的预测值为 28.46%。为检验响应曲面法所得结果的可靠性, 采用上述优化提取条件超声波辅助提取木聚糖, 考虑实际操作的可行性, 可将优化方案定为 NaOH

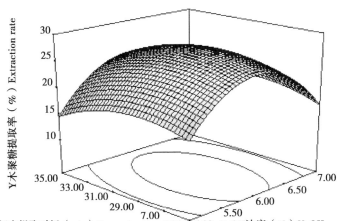

图7 超声时间和NaOH浓度对木聚糖提取率的影响

Fig. 7 Effects of ultrasonic extraction time and NaOH concention on extraction rate of xylane

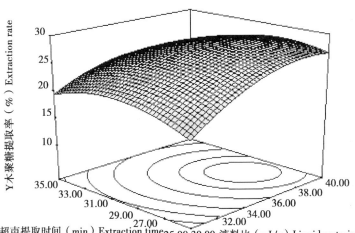

图8 超声时间和液料比对木聚糖提取率的影响

Fig. 8 Effects of ultrasonic extraction time and liquid material rate on extraction rate of xylane

浓度6%、液料比为38∶1（mL/g），超声波处理时间28.4min。在此条件下实际测得的平均提取率为28.39%，与理论预测值相比，其相对误差小于5%，说明采用响应曲面法优化得到的超声波辅助提取条件参数准确可靠，具有实用价值。

3 讨论

超声波主要通过空化作用破坏组织，产生局部粉碎，加大溶质比表面积，加之空化作用亦能加快扩散层上分子的扩散作用，强化以上浸提过程，所以超声波不仅提取速度快，且收率大大超过常规提取方法[11]。在超声波辅助提取中，超声波强度、溶剂用量、提取时间等条件对甘蔗渣中木聚糖的提取率有着程度不同的影响，特别是溶剂用量要合适，不宜过大。若溶剂用量过大，回收时间长，则长时间浸泡会严重破坏甘蔗渣中碳水化合物。超声波辅助提取在甘蔗渣木聚糖实际生产中的工艺优化还应继续研究。

4 结论

采用超声波辅助提取甘蔗渣中木聚糖，在单因素的基础上，采用响应曲面法，研究了NaOH浓度、液料比、超声波处理时间对木聚糖提取效果的影响。结果表明：各因素对木聚糖提取率影响的大小顺序为液料比 > 超声时间 > NaOH浓度，液料比对木聚糖提取率的影响极显著。超声波辅助提取甘蔗渣中木聚糖的最佳条件为NaOH浓度6%、液料比38∶1（mL/g），超声波处理时间28.4min。在此条件下实际测得的平均提取率为28.39%。采用超声波辅助法能够有效的提取甘蔗渣中木聚糖，方法简单，时间短，效率高。

参考文献

[1] 郑勇，王金丽，李明，等. 热带农业废弃物资源利用现状与分析——甘蔗废弃物综合利用［J］. 广东农业科学，2011，（1）：15 – 18.

[2] 涂启梁，付时雨，詹怀宇. 甘蔗渣综合利用的研究进展［J］. 中国资源综合利

用,2006,24(11):14-16.

[3] 孙卫东,刘容,梁金海,等. 响应面优化蔗渣常压水解木糖工艺[J]. 中国调味品,2010,35(12):83-86.

[4] Shaikh H M, Pandare K V, Nair G, et al. Utilization of sugarcane bagassecellulose for producing cellulose acetates: Novel use of residual hemicellulose as plasticizer[J]. Carbohydrate polymersm,2009,76(1):23-29.

[5] 张晋博,赵丽娜,秦文信,等. 响应面法优化微波处理甘蔗渣酶法制备低聚木糖的研究[J]. 中国甜菜糖业,2008,22(4):15-18.

[6] 何亮亮,陆登俊. 响应面分析法优化蔗渣木聚糖提取工艺[J]. 广西轻工业,2012,4:5-7.

[7] 丁胜华,欧仕益,赵健,等. 利用蔗渣制备低聚木糖的工艺[J]. 食品研究与开发,2010,31(4):23-27.

[8] 翟光雯,汤斌,张庆庆,等. 超声波法预处理对秸秆纤维素水解的促进作用[J]. 安徽工程科技学院学报,2007,22(4):22-24.

[9] Stanisavljevic I T, Lazic M L, Veljkovic V B. Ultrasonic extraction of oil from tobacco (*Nicotiana tabacum* L.) seeds[J]. Ultrasonics Sonochemistry,2006,10(3):1-7.

[10] 胡爱军,丘泰球. 超声技术在食品工业中的应用[J]. 声学技术,2002,21(4):192-194.

[11] 全学军,王万能,陆天健. 超声提取植物有效成分的动力学研究[J]. 化学反应工程与工艺,2005,21(1):320-326.

原文发表于《食品研究与开发》,2013,34(11):30-34.

蔗渣制备低聚木糖溶液的脱色脱盐工艺及其组分分析

盛金凤[1,2]，李 丽[1,2]，孙 健[1,2,3,*]，李昌宝[1,2]，
赵谋明[3]，何雪梅[1,2]，郑凤锦[1,2]，李杰民[1,2]，
刘国明[1,2]，廖 芬[1,2]

(1. 广西农业科学院农产品加工研究所，广西南宁 530007；
2. 广西作物遗传改良生物技术重点实验室，广西南宁 530007；
3. 华南理工大学轻工与食品学院，广东广州 510640)

摘 要：利用活性炭结合阴阳离子交换树脂吸附技术研究甘蔗渣制备低聚木糖溶液的脱色脱盐工艺，并采用高效液相色谱分析精制后的低聚木糖溶液组分。结果表明：活性炭对低聚木糖溶液最佳脱色工艺为活性炭添加量质量分数1%、反应温度60℃、吸附时间1h，在该条件下溶液脱色率为80.25%、还原糖保留率为98.70%。通过对7种不同型号的树脂进行筛选，确定选用001×7和D301树脂串联、V（001×7）：V（D301）=2：1、流速254mL/h时，离子交换树脂对低聚木糖脱盐效果最佳。经过活性炭和离子交换树脂共同脱色脱盐，低聚木糖溶液的最终脱色率为92.4%、脱盐率为79.2%，溶液接近中性（pH值7.4）。高效液相色谱法分析确定低聚木糖水解得到的单糖主要为木糖，还含有少量的甘露糖和葡萄糖，其中木糖占所有单糖的88.9%；低聚木糖溶液主要为木二糖和木三糖，还含有少量的木糖和木五糖。

关键词：低聚木糖；活性炭；离子交换树脂；脱色脱盐；组分

Decolorization, Demineralization and Monosaccharide Composition of Xylooligosaccharides from Sugarcane Bagasse

Sheng Jinfeng[1,2], Li Li[1,2], Sun Jian[1,2,3,*], Li Changbao[1,2], Zhao Mouming[3], He Xuemei[1,2], Zehng Fengjin[1,2], Li Jiemin[1,2], Liu Guoming[1,2], Liao Fen[1,2]

(1. Institute of Agro-food Science & Technology, Guangxi Academy of Agricultural Sciences, Nanning 530007, China; 2. Guangxi Crop Genetic Improvement Laboratory, Nanning 530007, China; 3. College of Light Industry and Food, South China University of Technology, Guangzhou 510640, China)

Abstract: Decolorization and demineralization of xylooligosaccharides (XOs) from sugarcane bagasse were investigated by activated charcoal combined with ion exchange resin adsorption. The monosaccharide composition of XOs was analyzed by high performance liquid chromatography (HPLC). Results showed that the optimum decolorization conditions for XOs were addition of 1% activated charcoal followed by adsorption at 60℃ for 1h, resulting in a decolorization rate of 80.25% and a retention rate of reducing sugar of 98.7%. Through a comparative analysis of seven different types of resins, sequential chromatography on 001×7 and D301 with a volume ratio of 2∶1 at a flow rate of 254mL/h was chosen for the best demineralization of XOs. The decolorized and demineralized XOs exhibited a decolorization rate of 92.4% and a demineralization rate of 79.2%, and were nearly neutral (pH value7.4). HPLC analysis showed that the major monosaccharide from acid hydrolysates of purified XOs, accounting for 88.9% of the total monosaccharides, and small amounts of mannose and glucose were detected as well. The XOs obtained in this study mainly contained xylobiose and xylotriose, together with a small amount of xylose and xylopentaose.

Key words: xylooligosaccherdies; activated charcoal; ion exchange resin; decolorization and demineralization; monosaccharide composition

低聚木糖（xylo-oligosaccharides，XOs）是目前发现的最好的食品用功能性低聚糖[1]，由2~7个木糖以β-1,4糖苷键连接而成，目前在饮料、保健食品、焙烤食品、甜点等食品中得到广泛应用。低聚木糖具有促使双歧杆菌增殖、抑制病原菌、增强机体免疫力、抵抗肿瘤和分解致癌物等功能[2-3]。工业上生产低聚木糖主要以木质纤维素类物质为原料，如玉米芯、甘蔗渣、秸秆等农产品副产物[4]。

广西是全国最大的甘蔗种植基地，甘蔗渣含有24%~29%的半纤维素，主要为1-阿拉伯糖-(4-O-甲基-D-葡萄糖醛)-木糖，以及纤维素、木质素等[5-6]。以甘蔗渣为原料制备低聚木糖溶液时，溶液中还混有一部分色素以及盐分等杂质[7]。其中色素主要来源于纤维素原料本身含有的色素、焦糖化反应、还原糖与纤维质中的氨基酸产生的美拉德反应以及还原糖的酸降解反应产生的产物[8]。在木聚糖碱法提取的过程中，常会有大量的钠离子混入提取液中，而钠离子的存在对木聚糖发酵有抑制作用，同时混入钠离子还会降低终产品低聚木糖的质量。对低聚糖溶液进行脱色脱盐是低聚糖精制的关键所在。丁胜华等[9]研究了4种活性炭和7种大孔离子交换树脂对低聚木糖静态吸附脱色效果，结果表明糖用HC-303型活性炭和阴离子交换树脂D750对低聚木糖溶液具有较好的脱色效果；郑辉杰等[10]采用阳—阴—阴串联式离子交换柱对海藻糖提取液脱盐脱色，结果发现，离子交换柱处理量为4倍柱体积，脱色率98%，海藻糖的收率为94%；膜过滤技术在糖的纯化中得到越来越多的重视，韩永萍等[11]研究3

种纳滤膜结构对低聚壳聚糖制备液的纯化效果，得出 NTR-7450 纳滤膜更具有工业应用价值；章茹、赵鹤飞等[12-13]对超滤和纳滤技术对秸秆制备的低聚木糖溶液的纯化开展过研究，得到最佳的纯化工艺；袁其朋等[14]研究了絮凝脱色在低聚木糖精制中的应用；黄海等[15-16]研究比较了活性炭和离子交换树脂对低聚木糖液的脱色效果，结果表明，活性炭脱色效果较好，但糖损失较大；杨瑞金等[17]进一步对低聚木糖中的色素进行研究，为低聚木糖的精制提供了理论依据。目前以甘蔗渣为原料制备低聚木糖研究中，尚未开展以活性炭结合阴阳离子交换进行脱盐脱色的研究，因此开展以活性炭结合离子交换树脂对低聚木糖溶液进行脱色脱盐研究，并采用高效液相色谱（High Performance Liquid Chromatography，HPLC）对精制的低聚木糖溶液组分进行分析，以期为有效开发利用蔗渣低聚木糖提供参考。

1　材料与方法

1.1　材料与试剂

低聚木糖溶液：自制的甘蔗渣低聚木糖溶液（超声波碱法提取，酶法制备），电导率 15.48mS/cm，颜色黄褐色；活性炭粉末（分析级），重庆川东化工（集团）有限公司；D113、001×7、D301、201×4、717、D311、D201 树脂，上海汇珠树脂厂；甘露糖、鼠李糖、半乳糖醛酸、葡萄糖、半乳糖、木糖、阿拉伯糖标准品，美国 Sigma 公司；酒石酸钾钠、苯酚、3,5-二硝基水杨酸、无水硫酸钠、三氟乙酸、乙腈、乙酸铵均为分析纯。

1.2　仪器与设备

PHS-25 型实验室 pH 计（上海今迈仪器仪表有限公司）；TU-1810 紫外可见分光光度计（北京普析通用仪器有限公司）；JA2003 电子天平（上海舜宇恒平科学仪器有限公司）；BT-100D 定时数显恒流泵（上海沪西分析仪器有限公司）；2695 高效液相色谱仪（美国 Waters 公司）；磁力搅拌水浴锅（金坛市万华实验仪器厂）；DDSJ-

308A雷磁电导率仪(上海仪电科学仪器股份有限公司)。

1.3 方法

1.3.1 活性炭对低聚木糖脱色效果实验

考察活性炭添加量、反应温度和反应时间对低聚木糖脱色效果,反应结束后以8 000r/min离心15min,后经45μm膜过滤,测定过滤液还原糖和色值,计算还原糖保留率和脱色率。活性炭前处理方式:活性炭粉末采用质量分数1% HCl浸洗,热去离子水洗至中性,滤干,120℃干燥,冷却至室温备用。

1.3.2 离子交换树脂对低聚木糖溶液脱盐脱色效果实验

1.3.2.1 树脂静态吸附实验

7种树脂各取20g,添加70mL低聚木糖酶解液,静态吸附2h,每隔一段时间振摇一次,过滤后测滤液脱色率、脱盐率。树脂处理方法:阳离子树脂用清水浸泡20~24h后用质量分数3% NaOH溶液浸泡4h,清水洗至中性,然后用质量分数3% HCl溶液浸泡4h,清水反复洗至中性,50℃烘干备用;阴离子树脂用清水浸泡20~24h后用质量分数3% HCl溶液浸泡4h,清水洗至中性,然后用质量分数3% NaOH溶液浸泡4h,清水反复洗至中性,50℃烘干备用。

1.3.2.2 动态吸附试验确定串联树脂柱最佳脱盐条件

取活性炭脱色后的低聚木糖溶液,采用恒流泵将溶液泵入层析柱中(玻璃层析柱26mm×300mm),等流出液糖度大于0后,每25mL收集一管,测定每管的电导率,以脱盐率建立动态穿透曲线,通过对比不同条件下每管的脱盐率,确定最佳的脱盐条件。阴阳离子树脂处理方法同1.3.2.1,树脂无需干燥。

1.3.3 样品组分分析

1.3.3.1 进样前处理

低聚木糖水解处理方法:取2mL样品,加3mL三氟乙酸(2 mol/L)于安瓿瓶内水解,水解液中和,稀释至10mL。取0.4mL加吡唑啉酮(1-Phenyl-3-methyl-5-pyrazalone, PMP)衍生后,过0.45μm膜,进样量20μL;标准糖溶液由甘露糖、木糖、鼠李糖、半乳糖醛酸、葡萄糖、半乳糖、阿拉伯糖组成;低聚木糖溶液经稀释后过 0.45μm 膜直接进样 20μL。

1.3.3.2 色谱条件

测定标准品和水解液色谱条件：2 489UV 示差折光检测器，检测波长为 250nm；色谱柱为 C_{18} 柱（4.6mm×250mm，5μm）；流动相为 V（乙腈）：V（乙酸铵水溶液）= 20∶80。

测定低聚糖色谱条件：2414 示差折光检测器；色谱柱为 NH_3 柱（4.6mm×250mm，5μm）；流动相为 V（乙腈）：V（水）= 75∶25。

1.3.4 分析方法

还原糖：DNS 法；总糖：苯酚—硫酸法；脱盐率参见公式（1）。

脱盐率（%）=（$K_0 - K_1$）/K_0 × 100　　　　　　　　　　　（1）

式中：K_0 为低聚木糖经树脂处理前的电导率（mS/cm）；K_1 为每管流出液的电导率（mS/cm）。

采用国际糖色值法 GB 317—2006《白砂糖》，测定低聚木糖粗糖浆在 420nm 波长处的吸光度变化；脱色率参见公式（2）。

脱色率（%）=（$A_0 - A_1$）/A_0 × 100　　　　　　　　　　　（2）

式中：A_0 为脱色前待测糖液的吸光度；A_1 为脱色后每管待测糖液的吸光度。

2　结果与分析

2.1　活性炭对低聚木糖溶液的脱色效果

活性炭是制糖工业中常用的脱色剂之一，活性炭颗粒表面含有大量的孔隙，能够吸附糖液中分子量大小和活性炭孔隙孔径相当的色素，其对具有芳香环的色素分子有较强的吸附作用，但同时也会造成溶液中糖分的损失[18]。本研究选用质量分数 0.5%、1%、3%、5% 的活性炭添加到低聚木糖溶液中，50℃反应 1h 后测定色值和还原糖含量变化，如图 1 所示，还原糖保留率随着活性炭的添加量增加呈逐渐下降的趋势，还原糖保留率在 93.26% 以上；而脱色率随着活性炭添加量增加而逐渐增大，当活性炭添加量大于质量分数 1% 时，脱色率增加比较缓慢。活性炭对色素和低聚木糖的吸附能力差异非常显著,对色素的吸附率高于对低聚木糖的吸附率。活性炭添加量大于质量分数 1% 时,虽然低聚木糖溶液的脱色率得到提高,但提高幅度较低,同时活性炭添加越多,脱色结束后过滤难度越大,因此,选用质量分数 1% 活性炭作为最佳活性炭添加量。

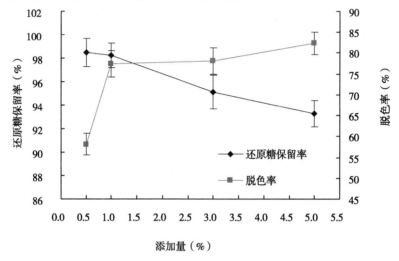

图 1　不同活性炭添加量对低聚木糖溶液脱色和还原糖的影响

Fig. 1　Effects of activated charcoal dosage on decolorization and reducing sugar retention

选用质量分数 1% 的活性炭添加到低聚木糖溶液中,分别在 50℃、60℃、70℃、80℃ 反应 1h,如图 2 所示,脱色率在 50~80℃ 时呈先增加后下降的趋势,而还原糖的保留率呈逐渐下降的趋势,考虑到 60~70℃ 脱色率增加幅度较低,因此,以 60℃ 作为活性炭脱色温度。

选用质量分数 1% 的活性炭添加到低聚木糖溶液中,在 60℃ 反应 0.5h、1h、1.5h、2h 后测定色值和还原糖含量变化,如图 3 所示,活性炭对低聚木糖溶液脱色率在 0.5~2h 时呈先增加后下降的趋势,反应 1h、1.5h 脱色率分别为 80.25%、80.83%,脱色率变化较小;而还原糖的保留率呈逐渐下降趋势,同时温度越高能耗越大,因此,

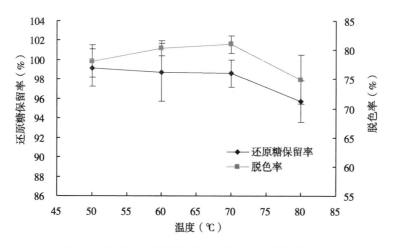

图 2 不同温度对低聚木糖溶液脱色和还原糖的影响

Fig. 2 Effects of temperature on decolorization and reducing sugar retention by activated charcoal

活性炭吸附脱色低聚木糖溶液 1h 比较适宜。

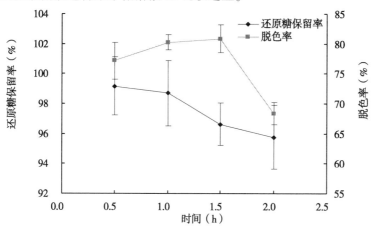

图 3 活性炭不同吸附时间下对低聚木糖脱色和还原糖的影响

Fig. 3 Effects of adsorption time on decolorization and reducing sugar retention by activated charcoal

研究表明溶液中相对分子质量为 5 000 和 1 000 以内的色素物质

可被活性炭吸附，同时溶液中的某些杂质也可吸附在活性炭上，从而达到分离提纯的目的[19]。综合以上结果，活性炭对以甘蔗渣为原料制备的低聚木糖溶液的最佳脱色工艺为添加质量分数1%活性炭60℃条件下吸附1h，低聚木糖溶液脱色率为80.25%，还原糖保留率为98.70%。

2.2 离子交换树脂对低聚木糖溶液的脱盐脱色效果

糖的粗液中都含有一定量的阴阳离子，离子的存在不仅影响其后处理，而且降低了糖的纯度，使其难以达到食品级标准，因此，脱盐也是低聚木糖精制的关键工艺。离子交换树脂是一类带有功能基的网状结构的高分子化合物，离子交换树脂由于分离技术设备简单、操作方便、生产连续化程度高，得到的产品纯度较高，因而在天然提取物的分离纯化中得到广泛应用。本研究将7种不同离子交换树脂（阳离子树脂：D113、001×7，阴离子树脂：D301、201×4、717、D311、D201）对低聚木糖溶液脱色效果进行比较，如图4所示，阳离子树脂D113和001×7对低聚木糖脱色效果较差，阴离子树脂D301、201×4和D201对溶液脱色效果较好，脱色率分别为68.83%、71.70%、70.54%。除D311外，阴离子树脂对低聚木糖脱色效果明显优于阳离子树脂的脱色效果，这是由于低聚木糖生产过程中色素含有的 $-N=N-$、$-HC=CH-$ 等基团在溶液中大部分成电离状态，且一般带负电荷，阴离子树脂对其有较强的吸附和交换能力[20]。

不同的离子交换树脂对溶液中离子的吸着能力不同，如图5所示，在7种离子交换树脂对低聚木糖溶液静态吸附脱盐实验中，001×7、D301和D201对溶液脱盐率分别为57.11%、62.16%、56.54%，脱盐效果优于其他4种树脂。由于离子树脂对离子的选择性吸附，单独使用阴离子树脂或阳离子树脂会导致溶液酸碱度偏大，所以，一般离子交换柱是由阳离子交换树脂和阴离子交换树脂串联起来组成[8]；同时由于活性炭已经脱出溶液中绝大多数色素，因此，选用001×7和D301阴阳离子串联，研究待吸附液流速、pH值以及阴阳离子交换树脂比例对低聚木糖溶液脱盐效果的影响。

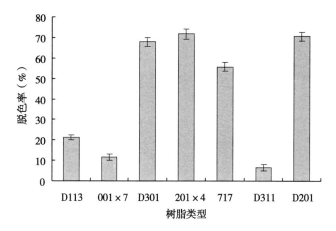

图 4 不同树脂对低聚木糖溶液静态吸附脱色的影响

Fig. 4 Effects of different macroporous ion exchange resins on XOs decolorization

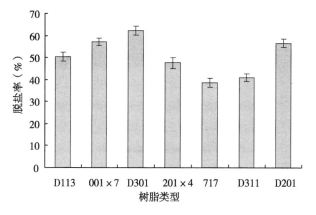

图 5 不同树脂对低聚木糖溶液静态吸附脱盐的影响

Fig. 5 Effects of different ion exchange resins on XOs demineralization

将 001×7 强酸性阳离子交换树脂和 D301 大孔弱碱性阴离子交换树脂分别按照 2∶1 (80mL + 40mL)、1∶1 (40mL + 40mL) 和 1∶2 (40mL + 80mL) 的顺序装柱,按照阳离子树脂柱—阴离子树脂柱的顺序串联,取低聚木糖溶液调节 pH 值 5,恒流泵以 254mL/h 流速泵入树脂柱中,每 25mL 收集一管,测定每管的电导率,以脱盐率为指标建立动态穿透曲线。如图 6 所示,阳离子树脂与阴离子树脂体积比越高,对低聚木糖溶液处理量越大,V（001×7）：V（D301）= 2：1 时,离子交换柱对低聚木糖溶液处理量为 1 250mL,脱盐率为 78%~80%,为 10.4 倍树脂体积;而 V（001×7）：V（D301）= 1：1 时,对低聚木糖溶液的处理量 450mL 后,脱盐率迅速下降,离子交换柱处理量为 5.6 倍树脂体积;当 V（001×7）：V（D301）= 1：2 时,对低聚木糖溶液的处理量为 550mL,处理量仅为 4.6 倍树脂体积。这表明阳离子树脂 001×7 对低聚木糖溶液中离子交换能力大于 D301 阴离子树脂,因此,选用 V（001×7）：V（D301）= 2：1 作为处理低聚木糖溶液的最佳树脂比例。

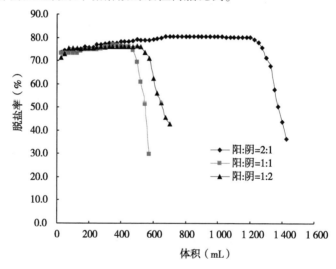

图 6 不同树脂体积比对低聚木糖脱盐效果的影响

Fig. 6 Effects of different volume ratio of cation resin and anion resin on XOs demineralization

将 V（001×7）：V（D301）= 2：1（80mL + 40mL）的顺序装柱,取低聚木糖溶液分别调节至 pH 5、6、7,恒流泵以 254mL/h 流速泵入树脂柱中,每 25mL 收集一管,测定每管的电导率。结果发现,不同 pH 值条件下,离子交换树脂柱对低聚木糖溶液脱盐率及处理量差异较小（图7），表明低聚木糖溶液的 pH 值对树脂脱盐效果影响较小。

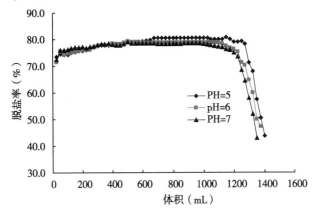

图 7　不同 pH 值低聚木糖溶液的离子交换树脂脱盐效果
Fig. 7　Effects of different pH value on XOs demineralization of ion exchange resins

在 V（001×7）：V（D301）＝2：1（80mL＋40mL）的装柱条件下，取低聚木糖溶液调节至 pH 值5，恒流泵分别以 254mL/h、339mL/h、429mL/h 流速泵入树脂柱中，每 25mL 收集一管，测定每管的电导率。结果发现低聚木糖溶液流速越低，离子交换树脂柱对低聚木糖溶液处理量越大（图8）。

综合以上，阴阳离子串联树脂对低聚木糖脱盐结果表明，溶液的 pH 值对离子交换树脂脱盐效果影响较小，当 V（001×7）：V（D301）＝2：1、低聚木糖溶液流速 254mL/h 时脱盐效果最佳，对低聚木糖脱盐处理量为10.4倍的柱体积、对低聚木糖溶液脱盐率为79.2%、对低聚木糖溶液脱色率为61.4%。通过计算，经活性炭和离子交换树脂共同脱盐脱色，低聚木糖溶液的最终脱色率达92.4%，脱盐率为79.2%，溶液 pH 值为7.4，溶液酸碱度接近中性。

2.3　低聚木糖溶液组分分析

7种标准品混合液经 HPLC 分析得到标准单糖溶液色谱图（图9）。依据出峰值时间依次为甘露糖（11.4min）、鼠李糖（15.1min）、

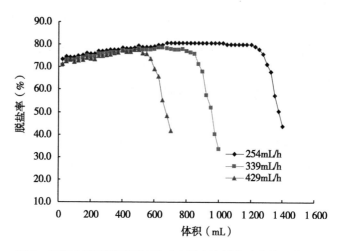

图 8 低聚木糖溶液不同流速对离子交换树脂脱盐效果的影响
Fig. 8 Effects of different flow rate on XOs demineralization of ion exchange resins

半乳糖醛酸（19.9min）、葡萄糖（22.8min）、半乳糖（25.6min）、木糖（27.3min）、阿拉伯糖（28.1min）。

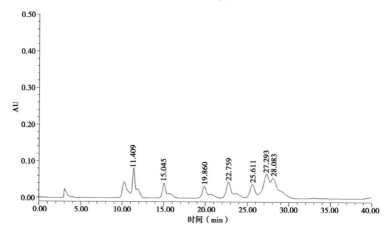

图 9 标准单糖溶液色谱
Fig. 9 Chromatography of mixed monosaccharide standard solution

对经过活性炭和离子交换树脂脱盐脱色的低聚木糖溶液水解后，

利用 HPLC 进行组分定性定量分析（图10），确定低聚木糖水解得到的单糖为甘露糖 0.05mg/mL，葡萄糖 0.17mg/mL，木糖 1.76mg/mL，其中木糖为主要的单糖，比例占所有单糖的 88.9%。

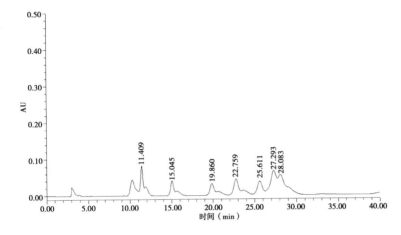

图10　低聚木糖水解溶液色谱

Fig. 10　Chromatography of acid hydrolyzate of sugarcane bagasse XOs

从低聚木糖溶液色谱图（图11）可见，在 4.439min 时出现木糖峰，占 2.11%；在 5.911min 和 6.085min 时出现2个峰，分别为木二糖和木三糖，含量分别为 38.64% 和 38.38%；在 8.021min 时出现的峰推测为木五糖，含量占 20.86%；从出峰时间和出峰面积以及低聚木糖水解液后单糖含量推断得知，低聚木糖溶液主要为木二糖和木三糖，还含有少量的木糖和木五糖。

3　结论

采用活性炭结合离子交换树脂对蔗渣制备的低聚木糖溶液进行脱色脱盐研究，低聚木糖溶液中添加质量分数 1% 活性炭 60℃ 条件下吸附 1h，溶液脱色率为 80.25%，还原糖保留率为 98.70%；当 001×7 和 D301 离子交换树脂串联、$V(001×7):V(D301)=2:1$、流速 254mL/h 时，离子交换树脂对低聚木糖脱盐效果最佳，低聚木糖上柱量为 10.4 倍的柱体积，对低聚木糖溶液脱盐率 79.2%，经过活

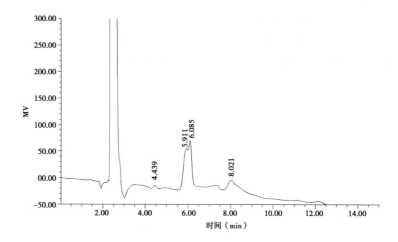

图 11 低聚木糖溶液色谱

Fig. 11 Chromatography of sugarcane bagasse XOs

性炭和离子交换树脂共同脱盐脱色，低聚木糖溶液的最终脱色率达92.4%，脱盐率为79.2%，溶液的 pH 值为7.4，溶液酸碱度接近中性。HPLC 分析确定低聚木糖水解得到的单糖主要为木糖，木糖占所有单糖的88.9%，其他为甘露糖和葡萄糖；低聚木糖溶液主要为木二糖和木三糖，还含有少量的木糖和木五糖。在低聚木糖的脱色脱盐和组分分析研究基础上，可进一步开展特定聚合度低聚木糖的分离纯化与生产制备研究。

参考文献

［1］王海，李理特，石波. 用玉米芯酶法制备低聚木糖［J］. 食品科学，2002，23（5）：81 – 83.

［2］Van LAERE K M J, HARTEMINK R, BOSVELD M, et al. Fermentation of plant cell wall derived polysaccharides and their corresponding oligosaccharides by intestinal bacteria ［J］. Journal of Agricultural and Food Chemistry，2000，48（6）：1 644 – 1 652.

［3］CRITTENDEN R, KARPPINEN S, OJANEN S. In vitro fermentation of cereal dietary fiber carbohydrates by probiotic and intestinal bacteria ［J］. Journal of the Science of Food and Agriculture，2002，82（8）：781 – 789.

［4］MOURE A, GULL'ON P, DOMÍNGUEZ H, et al. Advances in the manufacture, purification and applications of xylo-oligosaccharidesas as food additives and nutraceuticals [J]. Process Biochemistry, 2006, 41 (9): 1 913 – 1 923.

[5] BRIENZO M, SIQUEIRA A F, MILAGRES A M F. Search for optimum conditions of sugarcane bagasse hemicellulose extraction [J]. Biochemical Engineering Journal, 2009, 46 (2): 199 – 204.

[6] GOTTSCHALK L M F, OLIVEIRA R A, BOM E P S. Cellulases, xylanases, β-glucosidase and ferulic acid esterase produced by *Trichoderma* and *Aspergillus* act synergistically in the hydrolysis of sugarcane bagasse [J]. Biochemical Engineering Journal, 2010, 51 (1/2): 72 – 78.

[7] COURTIN C M, SWENNEN K, VERJANS P, et al. Heat and pH stability of prebiotic arabinoxylooligosaccharides, xylooligosaceharides and fructooligosaceharides [J]. Food Chemistry, 2009, 112 (4): 831 – 837.

[8] SHOR M, BROUGHTON N W, DUTTON J V, et al. Factors affecting white suger colour [J]. Sugar Technology Reviews, 1984, 12: 1 – 99.

[9] 丁胜华, 欧仕益. 活性炭和大孔离子树脂对蔗渣低聚木糖的脱色效果研究 [J]. 食品科技, 2010, 35 (7): 107 – 110.

[10] 郑辉杰, 陈洵, 邸进申, 等. 离子交换树脂对海藻糖乙醇提取液脱盐脱色的研究 [J]. 河北工业大学学报, 2008, 37 (5): 37 – 43.

[11] 韩永萍, 林强, 王晓琳. 低聚壳聚糖制备液纳滤纯化的可行性研究 [J]. 离子交换与吸附, 2012, 28 (1): 86 – 96.

[12] 章茹, 曹济, 刘辉, 等. 低聚木糖的超滤纯化生产工艺优化 [J]. 食品与发酵工业, 2013, 39 (5): 66 – 71.

[13] 赵鹤飞, 杨瑞金, 赵伟, 等. 秸秆低聚木糖溶液纳滤分离特性和渗滤工艺 [J]. 农业工程学报, 2009, 25 (4): 253 – 259.

[14] 袁其朋, 张怀. 絮凝脱色在低聚木糖分离纯化中的应用 [J]. 食品与发酵工业, 2001, 28 (2): 58 – 61.

[15] 黄海, 杨瑞金, 王璋. 低聚木糖的脱色工艺 [J]. 无锡轻工大学学报, 2002, 21 (2): 125 – 129.

[16] 黄海, 杨瑞金, 王璋. 低聚木糖液脱色树脂的选择 [J]. 食品与机械, 2001 (5): 31 – 32.

[17] 杨瑞金, 黄海, 王璋. 低聚木糖液色素的初步研究 [J]. 食品工业科技, 2003, 24 (4): 62 – 65.

[18] VAZQUEZ M J, GARROTE G, ALONSO J L, et al. Refining of autohydrolysis liquors for manufacturing xylooligosaccharides: evaluation of operational strategies [J]. Bioresource Technology, 2005, 96 (8): 889 – 896.

[19] 蒋琦霞, 杨瑞金, 孙中国, 等. 低聚木糖液脱色工艺研究 [J]. 食品工业科技, 2008, 29 (3): 228 – 236.

[20] 韩玉洁, 徐冬, 徐忠. 低聚木糖分离纯化的研究 [J]. 食品工业科技, 2006, 27 (7): 155-158.

原文发表于《食品科学》, 2014, 35 (14): 40-45.

甘蔗糖蜜发酵液中维生素 B_{12} 提取方法的比较

李志春[1,2]，郭海蓉[3]，麻少莹[3]，游向荣[1]*，
张雅媛[1]，孙　健[1]

（1. 广西农业科学院农产品加工研究所，南宁　530007；
2. 广西作物遗传改良重点开放实验室，南宁　530007；
3. 广西大学轻工与食品工程学院，南宁　530004）

摘　要：【目的】筛选出适合提取甘蔗糖蜜发酵液中维生素 B_{12} 的方法，解决糖蜜发酵液中菌体难破碎的问题。【方法】针对谢氏丙酸杆菌和维生素 B_{12} 的特性，分别采用煮沸法、微波加热法及 Na_2HPO_4 加压法对谢氏丙酸杆菌菌体进行破碎，比较不同细胞破碎方法对菌体维生素 B_{12} 提取率的影响。【结果】使用煮沸法、微波加热法、Na_2HPO_4 加压法破碎细胞提取维生素 B_{12} 的最佳工艺条件：煮沸法为 100℃ 处理 30min，微波加热法为 140W 处理 6min，Na_2HPO_4 加压法为 Na_2HPO_4 提取剂添加量 25mL/g、121℃ 处理 10min，对应的甘蔗糖蜜发酵液中维生素 B_{12} 提取率分别为 92.25%、95.67% 和 89.36%。【结论】煮沸法是提取菌体内维生素 B_{12} 时细胞破碎的首选方法。

关键词：甘蔗糖蜜；发酵液；维生素 B_{12}；提取率；煮沸法；微波加热法；Na_2HPO_4 加压法

Comparison of Extraction Method of Vitamin B$_{12}$ from Sugarcane Molasses Fermentation Liquor

Li Zhichun[1,2], Guo Hairong[3], Ma Shaoying[3], You Xiangrong[1]*, Zhang Yayuan[1], Sun Jian[1]

(1. Institute of Agro-food Science & Technology, Guangxi Academy of Agricultural Sciences, Nanning 530007, China; 2. Guangxi Crop Genetic Improvement Laboratory, Nanning 530007, China; 3. College of Light Industry and Food Engineering, Guangxi University, Nanning 530004, China)

Abstract: 【Objective】 The suitable method for extracting vitaimin B$_{12}$ from sugarcane molasses fermentation liquor was chosen to address the issue of thallus crush in molasses fermentation liquor. 【Method】 According to the characteristics of *Propionibacterium shermanii* and vitamin B$_{12}$, three methods (boiling, microwave heating, Na$_2$HPO$_4$ high-pressure) were applied to break *Propionibacterium shermanii* thallus, and to compare the effects of different cell breaking methods on thallus vitamin B$_{12}$ release rate. 【Result】 The optimal extraction parameters were 100℃ for 30minutes (boiling method), 140 W for 6minutes (microwave heating method), and 25mL/g of Na$_2$HPO$_4$ and treated with 121℃ for 10minutes (Na$_2$HPO$_4$ high-pressure method). The release rate was up to 92.25%, 95.67% and 89.36%, respectively. 【Conclusion】 The boiling was the best method for extraction of Vitamin B$_{12}$.

Key words: cane molasses; fermentation liquor; vitamin B$_{12}$; release rate; boiling method; microwave heating method; Na_2HPO_4 high-pressure method

0 引言

【研究意义】维生素 B_{12} 是治疗贫血、肝炎、神经系统疾病等的药品。利用微生物发酵所得的维生素 B_{12} 属于胞内产物，而提取胞内发酵产物维生素 B_{12} 的首要条件是破碎细胞壁（Miyano et al.，2000；Piao et al.，2004），破碎程度直接影响维生素 B_{12} 的回收及其生产成本，因此，选取有效的细胞破碎方法对提取回收微生物细胞中的维生素 B_{12} 具有重要意义。【前人研究进展】目前，从微生物细胞中提取维生素 B_{12} 的方法有酶水解、酸水解、微波消解、透析、煮沸等（黄宝忠等，2010；董永刚等，2010），无论哪种方法，细胞壁破碎后胞内的蛋白质与核酸水解酶都会释放到溶液中，导致大分子生物降解，天然物质含量减少，因此，在进行微生物细胞破碎时，要结合破碎后胞内产物的提取率、活性及提取成本，再根据研究的目的及目标产物的性质、纯度等因素进行综合考虑。测定维生素 B_{12} 的方法也很多，主要有微生物法、比色测定法、高效毛细管电泳法、化学发光分析法、间接法、紫外分光光度法、高效液相色谱法等（罗缨和郝常明，2002；Chen et al.，2006；徐双阳等，2011），这些检测方法各有优缺点，其中紫外分光光度法是检测饲料维生素 B_{12} 的常用方法，检测条件也比较成熟。【本研究切入点】目前提取和检测维生素 B_{12} 的方法较多，但至今未见有关甘蔗糖蜜发酵液中维生素 B_{12} 提取与测定方法的研究报道。【拟解决的关键问题】结合谢氏丙酸杆菌和维生素 B_{12} 的特性，对比不同细胞破碎方法对菌体维生素 B_{12} 提取率的影响，旨在筛选出适合提取甘蔗糖蜜发酵液中维生素 B_{12} 的方法，解决糖蜜发酵液中菌体难破碎的问题。

1 材料与方法

1.1 试验材料

谢氏丙酸杆菌（*Propionibacterium shermanii*）为糖蜜发酵液过滤所得的湿菌体，购于广东省微生物研究所微生物菌种保藏中心。主要仪器设备有飞鸽牌台式离心机 TDL-5-A（上海安亭科学仪器厂）、美的 PJ21C-BI 微波炉、UV-2501PC 紫外可见分光光度计（日本岛津）、LS-B50L 立式压力蒸汽灭菌锅（上海华线医用核子仪器有限公司）。

1.2 糖蜜发酵液中维生素 B_{12} 的提取

1.2.1 煮沸法

精确称取发酵液过滤所得的湿菌体置于带盖离心管中，按 20%（W/V）的比例用去离子水溶解菌体并精确定容。煮沸处理菌悬液，考察加热时间对维生素 B_{12} 提取效果的影响。处理后的细胞破碎液 4 000r/min 离心 10min，取上清液，用紫外分光光度法测定维生素 B_{12} 含量。

1.2.2 微波加热法

取发酵液过滤所得的湿菌体，微波处理使用两种方法：（A）用小烧杯取湿菌体 5g，按 20%（W/V）比例用纯水溶解菌体，充分混匀后于 140W 微波处理；（B）将菌泥均匀涂布于小烧杯壁上，140W 微波处理后用去离子水充分溶解、振荡，提取维生素 B_{12}。微波处理后的细胞破碎液 4 000r/min 离心 10min，取上清液，过滤后用紫外分光光度法测定维生素 B_{12} 含量。

1.2.3 Na_2HPO_4 加压法

该方法是美国药典中提取维生素 B_{12} 的标准方法。由于维生素 B_{12} 易溶于水，可采用加热的稀酸溶解提取，其提取液配制如下：每 100mL 提取剂中含无水 Na_2HPO_4 1.3g，柠檬酸 1.2g，焦亚硫酸钠（$Na_2S_2O_5$）1.0g。每克样品分别加入 10mL、15mL、20mL、25mL、30mL、35mL 提取剂，置于烧瓶中，摇动使样品均匀分散在溶液中，并用蒸馏水洗瓶壁。将样品瓶置于蒸汽压力锅内,121℃加热10min,冷却。如有块状物,用玻璃棒搅匀,使其均匀分散于溶液中。将处理后的发酵液4 000r/min离心10min,取上清液,过滤后使用紫外分光光度法测定维生素B_{12}含量。

1.2.4 3种提取方法提取率的比较

取一批发酵后过滤所得的湿菌体,用煮沸法、微波加热法和Na_2HPO_4加压法分别进行处理。所用提取方法均采用上述试验所得的最佳条件,破碎后的细胞液经离心后测定维生素B_{12}含量。每种提取方法重复3次,试验结果取平均值。

1.3 维生素B_{12}的测定

维生素B_{12}含量的测定参照GB 9841—1988。准确称取发酵液过滤后所得的湿菌体置于带盖离心管中,按20%(W/V)的比例用去离子水充分溶解菌体并定容,煮沸处理菌悬液,细胞破碎液4 000 r/min离心10min,取1mL过滤后的上清液置于另一干净试管中,加入9mL去离子水稀释,于361nm波长下测维生素B_{12}的吸光值,参比液为蒸馏水。

根据Lambert-Beer定律,利用吸收系数法计算单位发酵所得湿菌体中维生素B_{12}(mg/g)含量,计算式为:

$$维生素 B_{12} 含量 (mg/g) = \frac{\frac{A_{361}}{E_{1cm}^{1\%}} \times \frac{100}{3} \times 10 \times 100}{100 \times m}$$

$$= \frac{\frac{A_{361}}{207} \times \frac{100}{3} \times 10 \times 100}{100 \times m}$$

式中,$E_{1cm}^{1\%}$为维生素B_{12}在波长361nm下的吸收系数(207),A_{361}为维生素B_{12}在波长361nm下的吸光值,m为发酵液离心后所得的湿菌体(g)。

2 结果与分析

2.1 煮沸法提取维生素 B_{12} 的效果

发酵液加热过程中,菌体细胞内水分同时受热,随着温度升高,细胞内水分也达到沸点,导致细胞壁破碎,胞内蛋白质受热凝固,其他不凝固物质如维生素 B_{12} 得以释放。从图1可以看出,维生素 B_{12} 的提取率随着提取时间的延长而逐渐增加,但菌液中细胞数量是固定的,因此随着时间延长维生素 B_{12} 的提取量趋于稳定。提取30min后维生素 B_{12} 的提取量基本达到稳定状态,即选择煮沸30min作为提取条件。

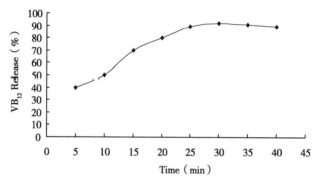

图1 煮沸法提取时间对维生素 B_{12} 提取率的影响

Fig. 1 Effect of extration time using boiling method on vitamin B_{12} release rate

2.2 微波加热法提取维生素 B_{12} 的效果

微波加热法提取是利用菌体细胞吸收微波能后内部温度突然升高,内部压力逐渐超过细胞壁膨胀的能力,细胞破裂,从而使细胞内的有效物质从细胞壁周围流出。由图2可以看出,维生素 B_{12} 的提取率在前3min内随微波处理时间的延长而快速升高,是因为细胞内能量突然聚集,压力骤高而导致细胞壁破裂。由图2还可以看出,使用

A 方法处理 3min 维生素 B_{12} 的提取量即达到最大值，以后提取量趋于稳定；使用 B 方法处理时，由于湿菌体涂抹于容器表面，加热时湿菌体迅速沸腾，菌体干裂，细胞壁骤然涨破，加入去离子水充分溶解处理后的干菌体，即为维生素 B_{12} 提取液，说明使用 B 方法提取效率更高，处理 6min 即达到最高提取量。

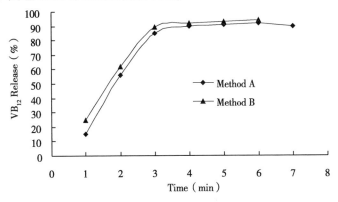

图 2　微波法提取方式对维生素 B_{12} 提取率的影响

Fig. 2　Effect of extration time using microwave heating on vitamin B_{12} release rate

2.3　Na_2HPO_4 加压法提取维生素 B_{12} 的效果

将样品瓶放入杀菌锅中，随着温度升高锅内水分蒸发变为高压蒸汽，热能由蒸汽传向样品。样品黏度越大，加热越慢，因为黏度降低产品对流的速度。由图 3 中可以看出，当 Na_2HPO_4 提取剂增加时维生素 B_{12} 的提取量也随之增加，是由于样品瓶内提取剂量的增加导致热能传递速度加快，发酵液中菌体受到热能迅速增加，细胞壁破碎度高，胞内维生素 B_{12} 释放量增加；但提取剂添加到一定量后，维生素 B_{12} 的产量趋于稳定，是因为发酵液中菌体细胞数量是固定的，单方面增加提取剂不会提高维生素 B_{12} 产量，因此，选取提取剂 Na_2HPO_4 的添加量为 25mL/g。

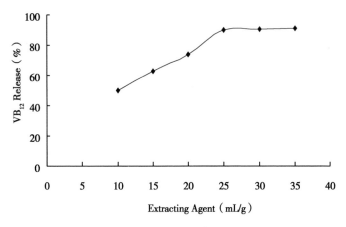

图 3　Na_2HPO_4 加入量对维生素 B_{12} 提取率的影响
Fig. 3　Effect of Na_2HPO_4 extracting agent
on vitamin B_{12} release rate

2.4　维生素 B_{12} 提取方法的筛选

选取同一批糖蜜发酵所得的谢氏丙酸杆菌菌悬液,分别使用煮沸法、微波加热法、Na_2HPO_4 加压法破碎细胞提取胞内产物维生素 B_{12},处理条件:煮沸法为 100℃ 处理 30min;微波加热法为 140W 处理 6min;Na_2HPO_4 加压法为 Na_2HPO_4 添加量 25mL/g,121℃ 处理 10min。

由表 1 可知,维生素 B_{12} 提取率大小依次为微波加热法 > 煮沸法 > Na_2HPO_4 加压法。但采用微波加热法提取维生素 B_{12} 时需要微波炉,提取成本较煮沸法高;而采用 Na_2HPO_4 加压法提取时既要消耗 Na_2HPO_4、柠檬酸、焦亚硫酸钠等化学药品,又要有蒸汽压力锅辅助加压,提取成本最高。综合提取成本与提取率考虑,以采用煮沸法提取糖蜜发酵液中维生素 B_{12} 最经济。

表1 维生素 B_{12} 提取率的比较

Table 1　Vitamin B_{12} extraction efficiency among different methods

提取方法	维生素 B_{12} 产量（mg/g）	提取率（%）
煮沸法	2.31±0.02	95.67
微波加热法	2.34±0.02	92.25
Na_2HPO_4 加压法	2.29±0.01	89.36

3　讨论

煮沸法是通过外界加热使细胞内水分受热至沸腾导致细胞壁破碎，胞内蛋白质受热凝固，其他不凝固物质则流出胞外，达到提取胞内物质的目的；微波加热法是通过微生物细胞吸收微波能量而导致细胞破碎，适用于胞内热稳定的产物提取；Na_2HPO_4 加压法是利用高压蒸汽传递给菌体细胞，如果样品黏稠则细胞破碎效果相对微波法和煮沸法差。针对谢氏丙酸杆菌为革兰氏阳性杆菌、菌体小、细胞壁坚硬的特点，本研究发现使用微波加热法和煮沸法较理想，维生素 B_{12} 的提取率分别为 95.67% 和 92.25%。

微波加热法和煮沸法都属于机械破碎法，在细胞破碎过程中，强烈的热效应使细胞释放出来的蛋白质变性沉淀，离心后很容易除去，有利于样品检测，但微波加热法不适合大量物质的提取，在工业化生产中存在一定的局限性；而煮沸法操作方便且不用添加其他药品。黄宝忠等（2010）采用反复冻融和煮沸相结合的方法提取啤酒酵母中 B 族维生素，结果发现其提取效率为 96.16%。本研究结果也表明，煮沸法对菌体内维生素 B_{12} 提取效率很高，因此，确定煮沸法作为提取菌体内维生素 B_{12} 的首选方法。

4　结论

本研究通过对比煮沸法、微波加热法、Na_2HPO_4 加压法破碎细胞提取维生素 B_{12} 的效果，发现煮沸法提取糖蜜发酵液中维生素 B_{12} 的操作简单，成本低，且维生素 B_{12} 的提取效率较高，即煮沸法是提取菌体内维生素 B_{12} 时细胞破碎的首选方法。

参考文献

[1] 董永刚, 王玲, 刘立丹, 等. 2010. 小米中 VB_2 提取方法研究及其含量测定 [J]. 食品科学, 31 (24): 341-344.

[2] 黄宝忠, 武晓娜, 招淑英, 等. 2010. 高效提取啤酒酵母中 B 族维生素的研究 [J]. 现代食品科技, 26 (8): 840-842.

[3] 罗缨, 郝常明. 2002. 维生素 B_{12} 的研究及其进展 [J]. 中国食品添加剂, (3): 15-18, 30.

[4] 徐双阳, 许荣年, 汪庆旗, 等. 2011. 超高效液相色谱—质谱联用测定婴幼儿配方奶粉中的维生素 B_{12} [J]. 食品工业, (8): 103-106.

[5] Chen Z, Chen B, Yao S Z. 2006. High-performance liquid chromatography/electrospray ionization-mass spectrometry for simultaneous determination of taurine and 10 water-soluble vitamins in multivitamin tablets [J]. Analytica Chimica Acta, 569 (1-2): 169-175.

[6] Miyano K, Ye K M, Shimizu K. 2000. Improvement of vitamin B_{12} fermentation by reducing the inhibitory metabolites by cell recycle system and a mixed culture [J]. Biochemical Engineering Journal, 6 (3): 207-214.

[7] Piao Y, Yamashita M, Kawaraichi N, et al. 2004. Production of vitamin B_{12} in genetically engineered Propionibacterium fredenreichii [J]. Journal of Bioscience Bioengineering, 98 (3): 167-173.

原文发表于《南方农业学报》, 2013, 44 (10): 1 710-1 713.

第三篇

甘蔗活性成分功能活性评价

Antioxidant and Nitrite-Scavenging Capacities of Phenolic Compounds from Sugarcane (*Saccharum officinarum* L.) Tops

Jian Sun[1,*], XueMei He[2,3], MouMing Zhao[1,*], Li Li[2,3], ChangBao Li[2,3] and Yi Dong[1]

(1. College of Light Industry and Food Sciences, South China University of Technology, Guangzhou 510640, China; E-Mail: waydongyi 2501779@163.com; 2. Agro-food Science and Technology Research Institute, Guangxi Academy of Agricultural Sciences, Nanning 530007, China; E-Mails: xuemeihe1981@126.com (X.-M. H.); lili@gxaas.net (L. L.); changbaoli@gxaas.net (C.-B. L.); 3. Guangxi Crop Genetic Improvement Laboratory, Nanning 530007, China)

Abstract: Sugarcane tops were extracted with 50% ethanol and fractionated by petroleum ether, ethyl acetate (EtOAc), and *n*-butyl alcohol successively. Eight phenolic compounds in EtOAc extracts were purified through silica gel and Sephadex LH-20 column chromatographies, and then identified by nuclear magnetic resonance and electrospray ionization mass spectra. The results showed that eight phenolic compounds from EtOAc extracts were identified as caffeic acid, cis-*p*-

---

* Authors to whom correspondence should be addressed; E-Mails: jiansun@gxaas.net (J. S.); femmzhao@scut.edu.cn (M.-M. Z.); Tel.: +86 - 20 - 87113914 (M.-M. Z.);
Fax: +86 - 20 - 87113914 (M. - M. Z.).

hydroxycinnamic acid, quercetin, apigenin, albanin A, australone A, moracin M, and 5′-geranyl-5,7,2′,4′-tetrahydroxyflavone. The antioxidant and nitrite-scavenging capacities of different solvent extracts correlated positively with their total phenolic (TP) contents. Amongst various extracts, EtOAc extracts possessed the highest TP content and presented the strongest oxygen radical absorbance capacity (ORAC), 1, 1′-diphenyl-2-picrylhydrazyl (DPPH) radical-scavenging capacity, 2,2′-azobis-3-ethylbenthiaazoline-6-sulfonic acid (ABTS) radical-scavenging capacity, ferric reducing antioxidant power (FRAP) and nitrite-scavenging capacity. Thus, sugarcane tops could be promoted as a source of natural antioxidant.

Key words: sugarcane tops; phenolic compounds; identification; antioxidant capacity; nitrite-scavenging capacity

1 Introduction

Free radicals and other reactive oxygen species are produced by oxidative metabolism continuously *in vivo*, resulting in cell ageing, cell death, and tissue damage[1]. With increasing evidences showing the involvement of oxidative stress induced by free radicals in the development of various diseases such as skin ageing, atherosclerosis, diabetes, cancer and cirrhosis[2,3], it has been argued that excess antioxidants may impair signaling of reactive oxygen and production of lipid oxidation products[4]. Antioxidants, e. g., phenolic compounds, are beneficial for postponing ageing, preventing disorder, reducing disease risk and maintaining health by inhibition of lipid peroxidation[4-5]. The condition of oxidative stress occurs when the pro-oxidant/anti-oxidant balance change in favor of the pro-oxidant, as a result of an overproduction of free radicals, such as the peroxil, alkoxyl, and hydroxyl radicals. The increase of free radicals at cellular level leads to DNA damage, protein oxidization and lipid peroxidation, and subsequently to cell death via apoptosis or via necrosis. Convincing evidence has demonstrated that oxidative stress is involving in the physio-pathological basis of many processes, including neurodegenerative diseases, cardiovascular diseases, cancer, inflammation, and aging. Free radicals can result in genetic alterations of certain cells, thus increasing the risk of these diseases[6]. Phenolic compounds exist naturally in vegetables, fruits and grains. These compounds possess the ability to reduce oxidative damage because they can act as direct antioxidant by donating a hydrogen atom to free radicals and by chelating metal ions, such as iron or copper, as well as they can act as indirect antioxidants by upregulating antioxidant enzymes[6-7]. These antioxidant properties of phenolic compounds are directly related to their chemical structure, and particularly to the phenol group[6]. Phenolic compounds are of interest in pharmaceutical and food industries. Their pharmacological actions are ascribed to the free radical scavenging and metal ion chelating activities, and their effects on pathways of cell-signaling and on gene expression[8]. The antioxidant capacities of phenolic compounds are often assessed by the Trolox equivalent antioxidant capacity (TEAC), the ferric reducing antioxidant power (FRAP), the hypochlorite scavenging capacity, the deoxyribose method and the copper-phenanthroline-dependent DNA oxidation assays. The multidimensional efficacies of phenolic compounds differ depending on the mechanism of antioxidant action in diverse experimental systems. Synthetic phenolic compounds, e. g., butylated hydroxyanisole (BHA), have been restricted in food industry for carcinogenic possibility. Hence, natural antioxidants have been extensively investigated in recent years[9]. Sugarcane (*Saccharum officinarum* L.) is one of the important crops in subtropical and tropical areas. Some varieties are consumed as fruits. Sugarcane is a principal sugar source for the food industry. Approximately 70% of the sugar produced globally comes from sugarcane. Sugarcane tops, yielding about 15% of the total sugarcane yield[10], are good sources for natural antioxidants. They are often thrown away, left to rot, burnt, used as forage, or produced into beverages. It was reported recently that sugarcane tops possessed higher flavonoid contents than sugarcane stems[11]. Although sugarcane tops contain plentiful phenolic compounds, they have still not been developed and utilized adequately up until now. We reported herein the isolation and structural identification of eight phenolic compounds (Figure 1) in sugarcane tops. Oxygen radical absorbance capacity, DPPH radical-scavenging capacity, ABTS radical-scavenging capacity, ferric reducing antioxidant power and nitrite-scavenging capacity of different extracts from sugarcane tops were also determined. The results obtained will be useful for indicating potential bioactivities and health benefits of sugarcane tops which can be utilized as a new source of natural antioxidant in the food industry. These data are also important to illuminate that sugarcane top phenolics possess an antioxidant protection role, which can postpone ageing and senescing.

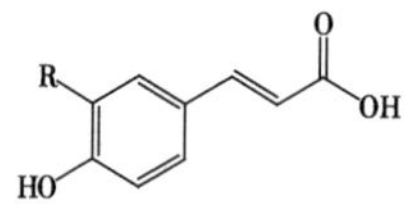

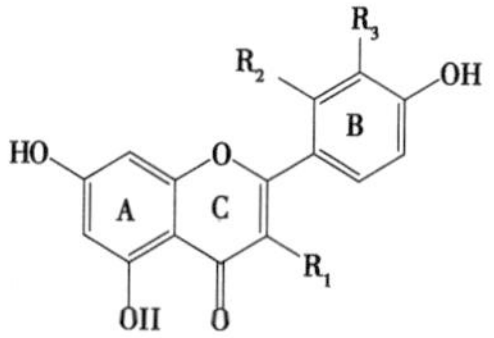

		R			R_1	R_2	R_3
1	Caffeic acid	OH	3	Quercetin	OH	H	OH
2	Cis-p-hydroxycinnamic acid	H	4	Apigenin	H	H	H
			5	Albanin A	isoprenyl	OH	H
6	Australone A						
7	Moracin M		8	5′-Geranyl-5, 7, 2′, 4′-tetrahydroxy-flavone			

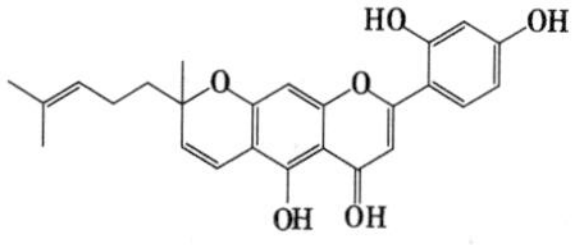

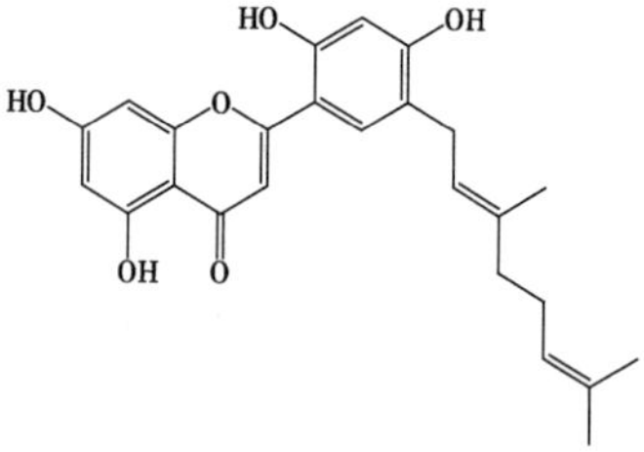

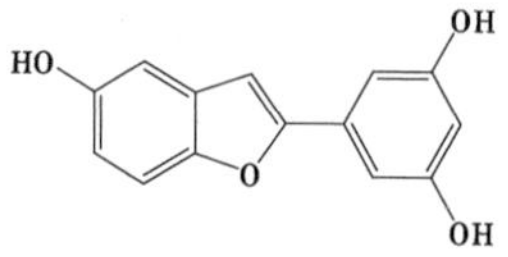

Figure 1　Phenolic compounds isolated from EtoAc extract of sugarcane tops

2 Results and Discussion

2.1 Total Phenolic Content

TP contents of various extracts from sugarcane tops are shown in Figure 2. Statistical analysis indicated that TP contents were significantly ($P < 0.05$) affected by the difference of extracting solvent. TP contents ranged from 22.33 ± 0.83 to 116.17 ± 3.40 mg GAE/g extracts, and the order was as follows: EtOAc extract > n-BuOH extract > total extract > petroleum ether extract > water extract. The highest TP content of EtOAc extract indicated that phenolic components in sugarcane tops mainly dissolved in EtOAc, which was the optimum solvent for separating and enriching phenolic compounds from sugarcane top extracts.

2.2 Identification of Major Phenolic Compounds in Sugarcane Tops

Eight phenolic compounds (Figure 1) were isolated from EtOAc extract with the highest TP content. Their chemical structures were identified as follows:

Compound 1: pale yellow powder, mp 208 ~ 209 ℃, ESI-MS m/z: 179 [M-H]$^-$. ^{1}H-NMR (DMSO-d_6, 400 MHz) δ: 9.6 (1H, s, H-9), 7.44 (1H, d, J = 16.0 Hz, H-7), 7.08 (1H, d, J = 3.0 Hz, H-2), 6.99 (1H, dd, J = 3.0, 9.2 Hz, H-6), 6.65 (1H, d, J = 9.0 Hz, H-5), 6.17 (1H, d, J = 16.0 Hz, H-8); ^{13}C-NMR (DMSO-d_6, 100 MHz) δ: 126.0 (C-1), 115.1 (C-2), 145.6 (C-3), 148.3 (C-4), 115.1 (C-5), 121.0 (C-6), 144.4 (C-7), 115.9 (C-8), 168.3 (C-9). Compound 1 was identified as caffeic acid by comparing NMR and MS data with literature[12].

Compound 2: white needles (H$_2$O), mp 131 ~ 133 ℃, ESI-MS m/z: 164 [M+H]$^+$, 147, 138, 121, 119, 93, 65. IR (KBr) v_{max}:

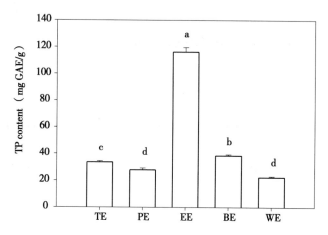

Figure 2 Total phenolic content in different extracts of sugarcane tops. TE, PE, EE, BE and WE were the abbreviations of total extract, petroleum ether extract, EtOAc extract, n-BuOH extract, and water extract, respectively. Different letters horizontally (a-d) indicated significant differences ($P < 0.05$) of total phenolic content among different extracts according to Duncan's multiple range test

3400, 1675, 1606, 1511, 1445, 1240, 1211, 988 cm^{-1}. ^{1}H-NMR (DMSO-d_6, 400 MHz) δ: 7.66 (2H, d, J = 7.4 Hz, H-2, 6), 6.70 (2H, d, J = 7.4 Hz, H-3, 5), 6.62 (1H, d, J = 12.0 Hz, H-7), 5.68 (1H, d, J = 12.0 Hz, H-8); ^{13}C-NMR (DMSO-d_6, 100 MHz) δ: 126.1 (C-1), 132.5 (C-2, 6), 115.0 (C-3, 5), 158.8 (C-4), 140.7 (C-7), 118.4 (C-8), 168.5 (C-9). Compound 2 was confirmed as cis-p-hydroxycinnamic acid by NMR and MS data with literature[13].

Compound 3: yellow needles (MeOH), mp 308 ~ 309 ℃, UV (MeOH) λ_{max} (log ε): 258, 379. IR (KBr) ν_{max}: 3420, 3370, 3289, 1672, 1615, 1520, 1432, 1360 cm^{-1}. ESI-MS m/z: 301 [M-H]$^{-}$. ^{1}H-NMR (DMSO-d_6, 400 MHz) δ: 12.49 (1H, s, OH-5), 10.76 (1H, s, OH-7), 9.58 (1H, s, OH-4′), 9.35 (1H, s,

OH-3'), 9.30 (1H, s, OH-3), 7.68 (1H, d, J = 1.5 Hz, H-2'), 7.55 (1H, dd, J = 9, 1.5 Hz, H-6'), 6.89 (1H, d, J = 9 Hz, H-5'), 6.41 (1H, d, J = 2 Hz, H-6), 6.19 (1H, d, J = 2 Hz, H-6); ^{13}C-NMR (DMSO-d_6, 100 MHz) δ: 146 (C-2), 136 (C-3), 176 (C-4), 103.3 (C-4a), 157 (C-5), 98.1 (C-6), 164.4 (C-7), 93.2 (C-8), 163.3 (C-8a), 123.2 (C-1'), 114.9 (C-2'), 145.6 (C-3'), 147.3 (C-4'), 114.3 (C-5'), 121.2 (C-6'). Compound 3 was identified as quercetin by the comparison of NMR and MS data with literature[14].

Compound 4: yellow needles (MeOH), mp 340~342℃, ESI-MS m/z: 269 [M-H]⁻. IR (KBr) v_{max}: 3288, 1655, 1606, 1510 cm⁻¹. ¹H-NMR (DMSO-d_6, 400 MHz) δ: 7.99 (2H, dd, J = 8.4, 2.4 Hz, H-2', 6'), 6.94 (2H, dd, J = 8.4, 2.4 Hz, H-3', 5'), 6.88 (1H, s, H-3), 6.56 (1H, d, J = 2.4 Hz, H-8), 6.21 (1H, d, J = 2.4 Hz, H-6); ^{13}C-NMR (DMSO-d_6, 100 MHz) δ: 164.1 (C-2), 103.1 (C-3), 181.6 (C-4), 157.7 (C-4a), 162.0 (C-5), 99.8 (C-6), 164.0 (C-7), 94.3 (C-8), 104.1 (C-8a), 121.1 (C-1'), 128.2 (C-2', 6'), 116.4 (C-3', 5'), 161.5 (C-4'). Compound 4 was identified as apigenin by comparing NMR and MS data with literature[15].

Compound 5: yellow powder, ESI-MS m/z: 353 [M-H]⁻. ¹H-NMR (DMSO-d_6, 400 MHz) δ: 13.13 (1H, br s, 5-OH), 7.18 (1H, d, J = 8.4 Hz, H-6'), 6.56 (1H, d, J = 2.4 Hz, H-3'), 6.51 (1H, dd, J = 8.4, 2.4 Hz, H-5'), 6.31 (1H, d, J = 3.2 Hz, H-8), 6.23 (1H, d, J = 3.2 Hz, H-6), 5.11 (1H, t, J = 5.6 Hz, H-10), 3.1 (2H, d, J = 6.8 Hz, H-9), 1.56 (3H, s, H-13), 1.42 (3H, s, H-12); ^{13}C-NMR (DMSO-d_6, 100 MHz) δ: 161.5 (C-2), 121.6 (C-3), 182.9 (C-4), 105.0 (C-4a), 163.3 (C-5), 99.4 (C-6), 165.3 (C-7), 94.3 (C-8), 159.3 (C-8a), 24.6 (C-9), 122.7 (C-10), 132.0 (C-11), 25.8 (C-12), 17.6 (C-13), 113.0 (C-1'), 157.2 (C-2'), 103.9 (C-3'), 162.3 (C-4'), 108.1 (C-

5′), 132.2 (C-6′). Compound 5 was identified as albanin A by comparing NMR and MS data with literature[16].

Compound 6: yellow power, ESI-MS m/z: 419 [M-H]$^-$. ^{1}H-NMR (Acetone-d_6, 400 MHz) δ: 7.85 (1H, d, J = 8.8 Hz, H-6′), 6.62 (IH, d, J = 1.7 Hz, H-3′), 6.55 (1H, dd, J = 8.8, 1.7 Hz, H-5′), 6.71 (1H, d, J = 10 Hz, H-9), 5.71 (1H, d, J = 10 Hz, H-10), 6.46 (1H, s, H-8), 5.13 (1H, t, J = 7.2 Hz, H-15), 2.1~2.2 (1H, m, H-14), 1.6-1.8 (1H, m, H-13), 1.64 (3H, s, H-12), 1.57 (3H, s, H-17), 1.45 (6H, s, H-18); ^{13}C-NMR (Acetone-d_6, 100 MHz) δ: 162.6 (C-2), 108.5 (C-3), 183.4 (C-4), 105.6 (C-4a), 156.9 (C-5), 105.7 (C-6), 159.6 (C-7), 95.3 (C-8), 158.0 (C-8a), 116.4 (C-9), 128.0 (C-10), 81.1 (C-11), 27.0 (C-12), 42.2 (C-13), 23.7 (C-14), 124.8 (C-15), 132.2 (C-16), 18.0 (C-17), 25.7 (C-18), 110.6 (C-1′), 160.3 (C-2′), 104.3 (C-3′), 163.0 (C-4′), 109.0 (C-5′), 130.9 (C 6′). Compound 6 was identified as australone A by comparing NMR and MS data with literature[17].

Compound 7: brown powder, ESI-MS m/z: 241 [M-H]$^-$. ^{1}H-NMR (DMSO-d_6, 400 MHz) δ: 7.38 (1H, d, J = 8.4 Hz, H-4), 7.06 (1H, s, H-3), 6.92 (1H, d, J = 2.0 Hz, H-7), 6.74 (1H, dd, J = 8.4, 2.0 Hz, H-5), 6.67 (2H, d, J = 3.2 Hz, H-2′, 6′), 6.22 (1H, t, J = 3.2 Hz, H-4′); ^{13}C-NMR (DMSO-d_6, 100 MHz) δ: 153.9 (C-2), 101.5 (C-3), 121.0 (C-3a), 120.7 (C-4), 112.4 (C-5), 155.8 (C-6), 97.4 (C-7), 155.2 (C-7a), 131.6 (C-1′), 102.3 (C-2′), 158.8 (C-3′), 102.6 (C-4′), 158.8 (C-5′), 102.3 (C-6′). Compound 7 was identified as moracin M by comparing NMR and MS data with literature[18].

Compound 8: yellow powder, UV (MeOH) λ_{max} (log ε): 216.2 (0.85), 257.0 (0.51), 289.4 (0.29), 361.6 (0.59). IR (KBr) ν_{max}: 3427, 2929, 1621, 1492, 1278, 1151, 1122, 1060, 968, 822 cm^{-1}. ESI-MS m/z: 421.3 [M-H]$^-$. ^{1}H-NMR (Acetone-d_6, 400

MHz) δ: 13.10 (1H, br s, 5-OH), 7.70 (1H, s, H-6′), 7.10 (1H, s, H-3), 6.66 (1H, s, H-3′), 6.46 (IH, d, $J = 2$ Hz, H-8), 6.23 (1H, d, $J = 2$ Hz, H-6), 5.39 (1H, t, $J = 7.3$ Hz, H-2″), 5.13 (1H, t, $J = 6.0$ Hz, H-7″), 3.32 (2H, d, $J = 7.6$ Hz, H-1″), 2.14 (2H, m, H-6″), 2.06 (2H, m, H-5″), 1.76 (3H, s, H-4″), 1.60 (3H, s, H-10″), 1.57 (3H, s, H-9″); ^{13}C-NMR (Acetone-d_6, 100Hz) δ: 163.2 (C-2), 104.2 (C-3), 183.4 (C-4), 105.0 (C-4a), 158.9 (C-5), 99.5 (C-6), 165.1 (C-7), 94.6 (C-8), 160.1 (C-8a), 110.3 (C-1′), 157.5 (C-2′), 108.4 (C-3′), 163.2 (C-4′), 121.4 (C-5′), 130.2 (C-6′), 28.1 (C-1″), 123.6 (C-2″), 136.5 (C-3″), 16.2 (C-4″), 40.5 (C-5″), 27.5 (C-6″), 125.0 (C-7″), 131.8 (C-8″), 25.8 (C-9″), 17.8 (C-10″). Compound 8 was identified as 5′-geranyl-5, 7, 2′, 4′-tetrahydroxy-flavone by comparing NMR and MS data with literature[19].

2.3 Antioxidant Capacity

2.3.1 ORAC Assay

The antioxidant activity of phenolic compounds and their metabolites *in vitro* depends upon the arrangement of functional groups about nuclear structure. Suffcient evidence support that the role of specifc structural components are requisites for free radical scavenging, metal chelation and oxidant activity[16]. Both configuration and total number of hydroxyl groups substantially influence several mechanisms of antioxidant activity. ORAC assay is a recent but widely accepted analysis method for "total" antioxidant capability because it is more sensitive and effective than other methods. ORAC values are also used as standard measures for comparing antioxidant activity of food materials[20-21]. Total antioxidant potential of five sugarcane top extracts was measured by ORAC assay (Figure 3A). Statistical analysis indicated that the category of extracting solvent significantly affected ORAC values which varied from (4.76 ± 1.09) μM TE/mg to

(122.18 ± 3.8) μM TE/mg. EtOAc extract possessed the highest ($P <$ 0.05) ORAC value, followed by water extract, petroleum ether extract, n-BuOH extract, and total extract. EtOAc extract exhibiting the highest TP content and ORAC value (Figures 2 and 3A) suggested that ORAC value was positively related to TP content. This ratiocination was confirmed through Table 1, in which the correlation coefficient of TP content and ORAC was 0.824.

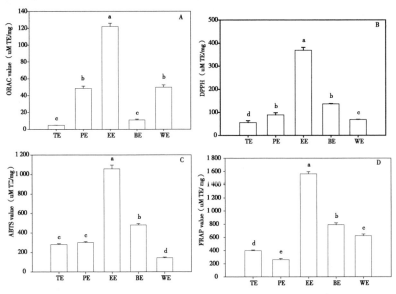

Figure 3   Antioxidant abilities of different extracts of sugarcane tops. ORAC assay (A), DPPH radical-scavenging capacities assay (B), ABTS radical-scavenging capacities assay (C) and FRAP assay (D). TE, PE, EE, BE, and WE were the abbreviations of total extract, petroleum ether extract, EtOAc extract, n-BuOH extract and water extract, respectively. Different letters horizontally (a-e) indicated signifcant differences ($P < 0.05$) of antioxidant abilities among different extracts according to Duncan's multiple range test.

Table 1 Correlation analysis of total phenolic content and antioxicant abilities

TP Content	ORAC	FRAP	DPPH Scavenging Capacities	ABTS Scavenging Capacities	Nitrite-Scavenging Capacities
Correlation coefficient	0.824	0.926	0.982	0.979	0.971
Significance (bilateral)	0.086	0.024	0.003	0.004	0.006

2.3.2 DPPH and ABTS Radical Scavenging Capacities

Oxidative damage caused by free radicals may be related to aging and diseases such as atherosclerosis, diabetes, cancer, and cirrhosis. Phenolic compounds can efficiently catch hydrogen atom and provide hydrogen atom to free radicals through phenolic oxhydryl, and then phenolic compounds transform into stable phenoxy radical to inhibit oxidant development[22-23]. Total free radical-scavenging capacities of five extracts from sugarcane tops were measured using commercially available stable free radicals DPPH (Figure 3B) and ABTS (Figure 3C). All five extracts presented DPPH radical-scavenging capacity to some extent. Amongst them, EtOAc extract showed the strongest scavenging ability, followed by n-BuOH extract, petroleum ether extract, water extract, and total extract. DPPH radical scavenging values varied from (56.2 ±7.7) μM TE/mg to (369.2 ±12.4) μM TE/mg. The order of ABTS radical-scavenging capacity was EtOAc extracts > n-BuOH extracts > petroleum ether extracts > total extracts > water extracts. Both DPPH and ABTS radical-scavenging capacities were significantly ($P < 0.05$) correlated with TP content (Table 1), indicating that the main chemical substances for scavenging free radical in sugarcane tops were phenolic components. The similar result was found in sugarcane juice by Kadam et al.[24] who reported that EtOAc extract from sugarcane juice exhibited the high TP content and the strong free radical scavenging capacity. Phenolic components from sugarcane tops, containing more hydroxyl groups, exhibited very high ability to scavenge DPPH and ABTS radicals. The chemistry of phenolic components from sugarcane tops is predictive of their free radical scavenging activity because the reduction potentials of phenolic radicals are lower than those of DPPH and ABTS radicals, implying that phenolic compounds may not only deactivate these oxyl species, but also inhibit deleterious consequences of the reactions[25].

2.3.3 FRAP Assay

In FRAP assay, antioxidant power refers as "reducing ability" which is measured by potassium ferricyanide reduction method. EtOAc extract had the highest FRAP value, followed by n-BuOH extract, water extract, total extract, and petroleum ether extract (Figure 3D). FRAP value varied from (261.41 ± 17.6) μM TE/mg to (1 564.77 ± 32.3) μM TE/mg. FRAP value was significantly ($P < 0.05$) correlated with TP content (Table 1). It was reported that reducing ability was generally associated with the presence of reductones. The antioxidant action of reductones was based on the breaking of the free-radical chain by donating a hydrogen atom. The phenolic components of sugarcane tops extract may act as reductones by donating electrons, reacting with free radicals to convert them to more stable products and terminating the free radical chain reaction[26].

2.4 Nitrite-Scavenging Capacity

Nitrite-scavenging capacities of different extract from sugarcane tops are shown in Figure 4. Statistical analysis showed that the category of extracting solvent significantly influenced nitrite-scavenging capacity. EtOAc extract presented the highest ($P < 0.05$) nitrite-scavenging ratio among five extract, followed by n-BuOH extract, total extract, petroleum ether extract, and water extract. The nitrite-scavenging ratio of EtOAc extract approached to that of vitamin C, indicating that EtOAc extract of sugarcane tops was probably a good nitrite-scavenging additive for the food industry. From Table 1, nitrite-scavenging capacity was significantly related to TP content ($P < 0.05$), suggesting that phenolic components played an important role in scavenging nitrite. This finding was similar to the previous report by Liu et al.[27], who found that the flavonoid-enriched extract of *Maydis stigma* had significant scavenging ability on nitrite. Phenolic compounds could inhibit the formation of *N*-nitroso-dimethylamine due to their hydroxyl groups. At low pH value, the nitrite was converted to nitrous acid and subsequently to N_2O_3, which could be rapidly reduced to NO by phenolic compounds that existed in sugarcane tops. Consequently, the formation of N-nitrosamine was inhibited, and the nitrite was also scavenged.

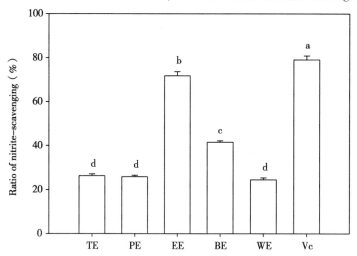

Figure 4 Nitrite-scavenging capacity of different extracts of sugarcane tops. TE, PE, EE, BE, and WE were the abbreviations of total extract, petroleum ether extract, EtOAc extract, *n*-BuOH extract, and water extract, respectively. Different letters horizontally (a-d) indicated signifcant differences ($P < 0.05$) of nitrite-scavenging capacity among different extracts according to Duncan's multiple range test.

3 Experimental Section

3.1 Plant Materials

Sugarcane variety of "ROC22" (one of mainly cultivated variety in

China) was chosen as plant material. Sugarcane materials were obtained from a cane experimental base in Guangxi Sugarcane Research Institute, Guangxi Academy of Agricultural Sciences on 20 November, 2011. The healthy sugarcane tops were cut, sun-dried and crushed into powder. The dried powdered plant material was stored at room temperature (25℃) in a desiccator until further analysis.

3.2 Chemicals and Reagents

Ascorbic acid, ABTS diammonium salt, DPPH, fluorescein (FL), Folin-Ciocalteu reagent, trolox (6-hydroxy-2, 5, 7, 8-tetramethyl-chroman-2-carboxylic acid), and 2, 2′-azobis (2-amodinopropane) dihydrochloride (AAPH) were purchased from Sigma Chemical Co. (St. Louis, MO, USA). Other reagents were of analytical grade.

3.3 Preparation of Sugarcane Tops Extracts

The dry powder of sugarcane tops (4.1kg) was extracted with 50% ethanol (EtOH) with the solid/liquid rate of 1/10 (m : v) for 90min at 70℃. EtOH extract was evaporated to dryness by a RE52AA rotary evaporator (Yarong Equipment Co., Shanghai, China) under reduced pressure at 50℃. The residue was dissolved in water and fractionated by petroleum ether. Petroleum ether-soluble fraction was collected and the residue was extracted by ethyl acetate (EtOAc). EtOAc-soluble fraction was collected and the residue was further extracted n-butyl alcohol (n-BuOH). Petroleum ether-soluble fraction, EtOAc-soluble fraction, n-BuOH-soluble fraction, and water-soluble fraction were obtained. All the fractions were concentrated separately under reduced pressure and freeze-dried to get petroleum ether extract, EtOAc extract, n-BuOH extract, and water extract. The crude 50% EtOH extract was expressed as total extract. Five different extracts (1mg) were precisely weighed, dissolved in 1mL of 50% EtOH, and then diluted for further analysis.

3.4 Determination of Total Phenolic Content

Total phenolic (TP) content in sugarcane tops extracts was measured by the method of Dorman et al.[28]. TP content was calculated according to the standard curve for gallic acid solutions and expressed as milligrams of gallic acid equivalents per gram different sugarcane tops extracts (mg GAE/g).

3.5 Isolation and Identification of Major Phenolic Compounds

EtOAc extract (38g, this extract possessed the highest TP content) from sugarcane tops was purified using silica gel column chromatography (900g, 100 ~ 200mesh), eluting with gradient mixtures of chloroform-methanol (100 : 0 ~ 100 : 100, v/v) to obtain 10 fractions (A-J). Fraction C (8g) was separated by silica gel column (100 g, 200 ~ 300 mesh) using petroleum ether-acetone (100 : 0 ~ 70 : 30, v/v) as eluents to afford 8 fractions (C1 ~ C8). Fraction C2 and C5 was further subjected to Sephadex LH-20 column chromatography eluting with methanol to afford compound 1 (4mg) and compound 2 (6mg). Fraction D (3.4 g) was purified using Sephadex LH-20 column eluting with chloroform-methanol (1 : 1, v/v) to give compound 3 (5mg), compound 4 (7mg) and compound 5 (5mg). Fraction E (7.2 g) was subjected to silica gel column chromatography (100 g, 200 ~ 300 mesh) eluting with chloroform-methanol (9 : 1, v/v) to give 7 fractions (E1 ~ E7). Fraction E2 (1.2g) was further purified using Sephadex LH-20 column eluting with methanol to give compound 6 (8mg), compound 7 (5mg), and compound 8 (4mg).

The chemical structures of isolated phenolic compounds were identified by nuclear magnetic resonance (NMR) spectroscopy, electrospray ionization mass spectra (ESI-MS), and infrared (IR) spectroscopy. NMR spectra were measured on a Bruker AV-400 spectrometer (Bruker Biospin,

Rheinstetten, Germany) (^{1}H-NMR, 400MHz; ^{13}C-NMR, 100MHz). Chemical shift values (δ) were recorded in parts per million (ppm) relative to tetramethylsilane (TMS) as an internal standard. ESI-MS spectra were recorded on a Finnigan LCQ Advantage Max ion trap mass spectrometer (Finnigan MAT, San Jose, CA, USA). IR spectra were determined on a Jasco FT/IR-480 plus Fourier transform. (Jasco, Tokyo, Japan). Melting points (mp) were recorded on a XT-4 micro melting point apparatus (Beijing Tech Instrument Co. Ltd, Beijing, China) without correction.

3.6 Antioxidant and Nitrite-scavenging Capacity Assays

3.6.1 Oxygen Radical Absorbance Capacity

ORAC was determined by the modified methods of Cao and Prior[29], Ana et al. [30], and Lin et al. [31]. The assay was carried out on a Varioskan Flash spectral scan multimode plate reader (Thermo Fisher Scientific, Thermo Electron Co., Waltham, MA, USA), using 96 well polystyrene white microplates with an excitation wavelength of 485nm and an emission wavelength of 530nm. The fluorescein sodium salt (FL) stock solution (39.9μM) was kept at 4℃ in the dark, and was diluted to 0.159μM fresh FL working solution. A total of 0.2593g of AAPH was accurately weighed and made into a 38.25mM solution, which was kept in an ice bath. All above chemicals were dissolved in 75mM sodium phosphate buffer (pH value 7.4). A total of 25μL of sample (different solvent extracts) and 25μL of 75 mM sodium phosphate buffer (blank) were added in a well of 96-well microtitre, and then 75μL of FL working solution was added. The mixture was preincubated for 10min at 37℃. Finally, 100μL of AAPH solution was added rapidly. The microplate was placed in the reader and automatically shaken prior to each reading. Fluorescence was measured every minute for 70min. Trolox solution (0.5~2.5μM) was used as positive control and measured in every assay. ORAC value was quantified using the regression equation between Trolox concentration and net area under curve (AUC).

The ORAC values, expressed as μM trolox equivalents (μM TE/mg) were calculated by applying the following formula:

$AUC = 0.5 (f_0 + f_n) + (f_1 + f_2 + \cdots + f_i + \cdots + f_{n-1})$.

Where f_0 was initial FL reading at time 0 and f_i was FL reading at time i. Net AUC was calculated as $AUC_{sample} - AUC_{blank}$.

3.6.2 DPPH Radical-Scavenging Capacity

DPPH radical-scavenging capacity was determined according to the modified method of Luo et al.[32] and expressed as Trolox equivalent. Two milliliters of sample were added into 2mL of 0.2mM DPPH solution (in 50% ethanol). The absorbance at 517nm of the mixture was measured after 30min of incubation at 25℃. The absorbance of blank and control were obtained by replacing DPPH solution or sample with ethanol, respectively. DPPH radical scavenging ratio (%) was calculated as [1 - ($A_{sample} - A_{blank}$)/$A_{control}$] × 100. Where, A_{sample} was absorbance of sample, A_{blank} was absorbance of blank and $A_{control}$ was absorbance of control. DPPH radical scavenging value was determined using a standard curve of Trolox (0.05 ~ 0.3mM) and the results were expressed as micromolar Trolox equivalent per milligram extracts (μM TE/mg).

3.6.3 ABTS Radical-Scavenging Capacity

ABTS radical-scavenging capacity was determined according to the modified method of Roberta et al.[33]. This method was based on the capacity of antioxidant to inhibit ABTS radical cation ($ABTS^+$) compared with Trolox. $ABTS^+$ stock solution was produced by dissolving ABTS in 2.45mM potassium persulfate solution and keeping the mixture in the dark for 12 ~ 16 h at room temperature. The stock solution was diluted using 10 mM sodium phosphate buffer (pH value7.4) to obtain the working solution with an absorbance of 0.7 at 734nm. A total of 40μL of sample was mixed with 4mL of ABTS·$^+$ working solution for 30s before measurement at 734nm. $ABTS^+$ scavenging ratio (%) was calculated as (1 - A_{sample}/0.7) × 100. $ABTS^+$ scavenging value was determined using a standard curve of Trolox (0 ~ 1mM) and the results were expressed as micromolar Trolox equivalent per milligram extracts (μM TE/mg).

3.6.4 Ferric-Reducing Antioxidant Power

FRAP was conducted according to the modified method of Jayaprakasha et al.[34]. One milliliter of sample, 2.5mL of 0.2M sodium phosphate buffer (pH value6.6) and 2.5mL of 1% potassium ferricyanide were mixed in a 10mL test tube. After incubation for 20min at 50℃, 2.5mL of 10% trichloroacetic acid was added into the mixture. Two milliliters of upper layer were taken out and mixed with 2mL of distilled water and 0.1% ferric chloride. The absorbance was measured at 700nm after 10min. A high absorbance of reaction mixture indicated a strong reducing power. The reducing power value of sample was expressed as micromolar Trolox equivalent per milligram extracts (μM TE/mg).

3.6.5 Nitrite-Scavenging Capacity Assay

Nitrite-scavenging capacity was evaluated by the method of hydrochloric acid naphthalene ethylenediamine coloration. One milliliter of sample or 1mL of 50% ethanol (blank) was mixed with 1mL of 5mg/L nitrite solution and 1mL of citric acid buffer (pH value3). After reacting for 30min at 37℃, 1mL of 4g/L amino benzene sulfonic acid sodium (in 20% hydrochloric) was added in the mixture, and then 0.5mL of 2g/L hydrochloric acid naphthalene ethylenediamine (in water) was also added after 3min. The mixture was reacted for 15min and measured at 538nm. Ascorbic acid was used as positive control. Nitrite-scavenging ratio (%) = (1 − A_{sample}/A_{blank}) × 100.

3.7 Statistical Analysis

All experiments were performed in triplicate (n = 3) and the results were expressed as mean ± standard deviation. Statistical analysis was carried out by SPSS 18 statistical software (SPSS Inc., Chicago, IL, USA). A difference was considered statistically significant when $P < 0.05$.

4 Conclusions

Eight phenolic compounds were isolated from EtOAc extract of sugarcane tops. The effects of different extracts (*i. e.*, total extract, petroleum ether extract, EtOAc extract, *n*-BuOH extract and water extract) on biological activities (antioxidant and nitrite scavenging capacities) were investigated *in vitro*. Amongst them, EtAOc extract from sugarcane tops possessed the strongest antioxidant and nitrite scavenging capacities. Further investigation will be performed to study the correlation between antioxidant activity and chemical structure of sugarcane top phenolics. Antioxidant and nitrite scavenging capacities of individual phenolic compounds from sugarcane tops will be determined in following research. The functional products will be also explored from sugarcane tops.

Acknowledgments

The authors appreciate the fnancial supports from National Project for Introduction of Foreign Technology and Personnel Management (grant No. S20124500049), Technology Foundation for Selected Overseas Chinese Scholar, Ministry of Personnel of China (grant No. [2012] 250), Guangxi Key Laboratory Construction Projects (grant No. 12 − 071 − 09), Guangxi Scientific Research and Technological Development Projects (grant No. Gui Ke He 1347004 − 18; Gui Ke Gong 1123003 − 9), and Fundamental Research Funds from Gangxi Academy of Agricultural Sciences (grant No. 2013YT02).

Author Contributions

Jian Sun and Mou-Ming Zhao conducted the experimental design. Jian Sun and Xue-Mei He carried out the experiment and prepared the manuscript. Jian Sun and Li Li revised and approved the final version of the manuscript. Chang-Bao Li and Yi Dong contributed helpful discussion and scientific advice during the preparation of manuscript.

Conflicts of Interest

The authors declare no conflict of interest.

References

[1] Takashima, M.; Horie, M.; Shichiri, M.; et al. Assessment of antioxidant capacity for scavenging free radicals in vitro: A rational basis and practical application. *Free Radic. Biol. Med.* 2012, 52, 1 242 – 1 252.

[2] Suryo Rahmanto, A.; Pattison, D. I.; Davies, M. J. Photo-oxidant-induced inactivation of the selenium-containing protective enzymes thioredoxin reductase and glutathione peroxidase. *Free Radic. Biol. Med.* 2012, 53, 1 308 – 1 316.

[3] Choi, D. B.; Cho, K.-A.; Na, M.-S.; et al. Effect of bamboo oil on antioxidative activity and nitrite scavenging activity. *J. Ind. Eng. Chem.* 2008, 14, 765 – 770.

[4] Niki, E. Antioxidant capacity: Which capacity and how to assess it? *J. Berry Res.* 2011, 4, 169 – 176.

[5] Niki, E. Do antioxidants impair signaling by reactive oxygen species and lipid oxidation products? *FEBS Lett.* 2012, 586, 3 767 – 3 770.

[6] Sun, J.; Nagendra, P. K.; Amin, I.; et al. *Polyphenols: Chemistry, Dietary Sources and Health Benefits*; Nova Science Publishers: New York, NY, USA, 2013; pp. 13 – 14.

[7] Perumal, S.; Sellamuthu, M. The antioxidant activity and free radical-scavenging capacity of dietary phenolic extracts from horse gram (*Macrotyloma uniflorum* (Lam.) Verdc.) seeds. *Food Chem.* 2007, 105, 950 – 958.

[8] Soobrattee, M. A.; Neergheen, V. S.; Luximon-ramma, A.; et al. Phenolics as potential antioxidant therapeutic agents: Mechanism and actions. *Mutat. Res.* 2005, 579, 200 – 213.

[9] Loliger, J. The use of antioxidants in foods. In *Free Radicals and Food Additives*; Aruoma, O. I., Halliwell, B., Eds.; Taylor & Francis: London, UK, 1991; p. 121.

[10] Karbhari, P. S.; Balakrishnan, V.; Murugan, M. Substitutional feeding value of ensiled sugarcane tops and its effect in crossbred Heifer's/cow's reproductive performance. *Asian J. Anim. Vet. Adv.* 2007, 2, 21 – 26.

[11] Li, X.; Yao, S.; Tu, B.; et al. Determination and comparison of flavonoids and

anthocyanins in Chinese sugarcane tops, stems, roots and leaves. *J. Sep. Sci.* 2010, 33, 1 216 – 1 223.

[12] Harrison, H. F. ; Peterson, J. K. ; Snook, M. E. ; *et al.* Quantity and potential biological activity of caffeic acid in sweet potato (*Ipomoeabatatas* (L.) Lam.) storage root periderm. *J. Agric. Food Chem.* 2003, 51, 2 943 – 2 948.

[13] Whitaker, B. D. ; Stommel, J. R. Distribution of hydroxycinnamic acid conjugates in fruit of commercial eggplant (*Solanum melongena* L.) cultivars. *J. Agric. Food Chem.* 2003, 51, 3 448 – 3 454.

[14] Boyer, J. ; Brown, D. ; Liu, H. R. Uptake of quercetin and quercetin 3-glucoside from whole onion and apple peel extracts by Caco-2 cell monolayers. *J. Agric. Food Chem.* 2004, 52, 7 172 – 7 179.

[15] Wang, K. Q. ; Luo, J. W. ; Liu, Z. H. ; *et al.* Separation, purification and identification of flavonoids from celery leaves. *Food & Machinery* 2009, 25, 66 – 70.

[16] Zheng, Z. P. ; Cheng, K. W. ; Zhu, Q. Tyrosinase inhibitory constituents from the boots of *Morus nigra*: A structure-activity relationship study. *J. Agric. Food Chem.* 2010, 58, 5 368 – 5 373.

[17] Ko, H. H. ; Yu, S. M. ; Ko, F. N. Bioactive constituents of *Morus australis* and *Broussonetia papyrifera*. *Plant Biochem.* 1997, 60, 1 008 – 1 011.

[18] Su, B. N. ; Cuendet, M. ; Hawthorne, M. E. ; *et al.* Consitituents of the bark and twigs of *Artocarpus dadah* with cyclooxygenase inhibitory activity. *J. Nat. Prod.* 2002, 65, 163 – 169.

[19] Heim, K. E. ; Tagliaferro, A. R. ; Bobilya, D. J. Flavonoid antioxidants: Chemistry, metabolism and structure-activity relationships. *J. Nutr. Biochem.* 2002, 13, 572 – 584.

[20] Cao, G. ; Verdon, C. ; Wu, A. A. ; *et al.* Automated assay of oxygen radical absorbance capacity with the COBAS FARA II. *Clin. Chem.* 1995, 41, 1 738 – 1 744.

[21] Joseph, A. P. ; Charles, G. S. ; Dennis, S. Application of manual assessment of oxygen radical absorbent capacity (ORAC) for use in high throughput assay of "total" antioxidant activity of drugs and natural products. *J. Pharmacol. Toxicol. Methods* 2006, 54, 56 – 61.

[22] Cao, G. Antioxidant and prooxidant behavior of flavonoids structure-activity relationshio. *Free Radic. Biol. Med.* 1997, 22, 749 – 760.

[23] Smith, M. ; Zhu, X. Increased iron and free radical generation in preclinical Alzheimer disease and mild cognitive impairment. *J. Alzheimers Dis.* 2010, 19, 363 – 372.

[24] Kadam, U. S. ; Ghosh, S. B. ; Strayo, D. ; *et al.* Antioxidant activity in sugarcane juice and its protective role against radiation induced DNA damage. *Food Chem.* 2008, 106, 1 154 – 1 160.

[25] Rice-Evans, C. A. ; Miller, N. J. ; Paganga, G. Structure-antioxidant activity relationships of flavonoids and phenolic acids. *Free Radic. Biol. Med.* 1996, 20, 933 – 956.

[26] Pin-Der, D. Antioxidant activity of Budrock (*Arctium lappa* Linn.): Its scavenging

effect on free radical and active oxygen. *J. Am. Oil Chem. Soc.* 1998, 75, 455 – 461.

[27] Liu, J. ; Lin, S. Y. ; Wang, Z. Z. Supercritical fluid extraction of flavonoids from *Maydis stigma* and its nitrite-scavenging ability. *Food Bioprod. Process.* 2011, 89, 333 – 339.

[28] Dorman, H. J. D. ; Peltoketo, A. ; Hiltunen, R. ; et al. Characterization of the antioxidant properties of de-odourised aqueousextracts from selected *Lamiaceae* herbs. *Food Chem.* 2003, 83, 255 – 262.

[29] Cao, G. ; Prior, R. L. Measurement of oxygen radical absorbance capacity in biological samples. *Methods Enzymol.* 2002, 299, 50 – 62.

[30] Ana, Z. ; Maria, J. E. ; Ana, F. ORAC and TEAC assays comparison to measure the antioxidant capacity of food products. *Food Chem.* 2009, 114, 310 – 316.

[31] Lin, L. ; Cui, C. ; Wen, L. ; et al. Assessment of *in vitro* antioxidant capacity of stem and leaf extracts of *Rabdosia serra* (MAXIM.) HARA and identification of the major compound. *Food Chem.* 2011, 126, 54 – 59.

[32] Luo, W. ; Zhao, M. ; Yang, B. ; et al. Identification of bioactive compounds in *Phyllanthus emblica* L. fruit and their free radical scavenging activities. *Food Chem.* 2009, 114, 499 – 504.

[33] Roberta, R. ; Nicoletta, P. ; Anna, P. ; et al. Antioxidant activity applying an improved ABTS radical cation decolorization assay. *Free Radic. Biol. Med.* 1999, 26, 1 231 – 1 237.

[34] Jayaprakasha, G. K. ; Singh, R. P. ; Sakarich, K. K. Antioxidant activity of grape seed(*Vitis vinifera*) extracts on peroxidation models *in vitro*. *Food Chem.* 2001, 73, 285 – 290.

原文发表于《Molecules》，2014，19：13 147 – 13 160.

蔗梢多酚类化合物抗氧化与抗肿瘤活性研究

何雪梅[1,2], 孙 健[1,2,3], 李 丽[1,2],
盛金凤[1,2], 赵谋明[3]

(1. 广西农业科学院农产品加工研究所, 广西南宁 530007;
2. 广西作物遗传改良生物技术重点实验室, 广西南宁 530007;
3. 华南理工大学轻工与食品学院, 广东广州 510640)

摘 要: 研究从蔗梢中分离到的8种多酚类化合物的抗氧化活性和抗肿瘤活性。采用DPPH自由基清除能力、氧自由基吸收能力(ORAC)和ABTS自由基清除能力综合评价多酚化合物的体外抗氧化活性, MTT法评价多酚化合物的体外抗肿瘤活性。实验表明, 8种化合物中槲皮素的DPPH自由基清除能力显著($P<0.05$)高于阳性对照Trolox; 咖啡酸抑制CNE2(人鼻咽癌细胞)增殖的活性最强, 槲皮素抑制SGC7901(人胃癌细胞株)增殖的活性最强, 2-(3,5-二羟苯基)-5-羟基-苯并呋喃和槲皮素能较强地抑制Hela(人宫颈癌细胞株)的增殖。蔗梢中的8种多酚类化合物均具有较强的抗氧化活性和一定的抗肿瘤活性, 可作为保健食品和保健品的开发原料。

关键词: 蔗梢; 多酚类化合物; 抗氧化活性; 抗肿瘤活性

Antioxidant and Antitumor Activities of Polyphenol Compounds from Sugarcane Top

He XueMei[1,2], Sun Jian[1,2,3], Li Li[1,2], Sheng JinFeng[1,2], Zhao MouMing[3]

(1. Agro-food Science and Technology Research Institute, Guangxi Academy of Agricultural Sciences, Nanning 530007, China; 2. Guangxi Crop Genetic Improvement Laboratory, Nanning 530007, China; 3. College of Light Industry and Food, South China University of Technology, Guangzhou 510640, China; 3. College of Light Industry and Food, South China University of Technology, Guangzhou 510640, China)

Abstract: The antioxidant and antitumor biological activities of eight polyphenol compounds which were separated from sugarcane top were studied. The results showed that DPPH radical scavenging activity of quercetin was significantly higher ($P < 0.05$) than that of positive control Trolox. Amongst eight polyphenol compounds, caffeic acid showed the strongest inhibiting activity on CNE2 proliferation. Quercetin exhibited the strongest inhibiting activity on SGC7901 proliferation. 2-(3,5-Dihydroxy phenyl)-5-hydroxy-benzofuran and quercetin possessed stronger inhibiting activity on Hela proliferation. Eight polyphenolic compounds of sugarcane top exhibited good antioxidant activities and antitumor activities, indicating that sugarcane top would be good material for health products and health foods.

Key words: sugarcane top; polyphenol compounds; antioxidant activities; antitumor activities

甘蔗是禾本科（Graminaeeae）甘蔗属（*Saccharum* L.）植物，是我国制糖的主要原料。我国是世界三大甘蔗起源中心之一，目前已成为居巴西、印度之后的世界第三大食糖生产国，其中广西为我国甘蔗第一大省，约占全国总面积的60%[1]。蔗梢，又称甘蔗尾叶，是收获甘蔗时顶上最嫩节和青绿叶片的统称，占甘蔗生物量的15%~20%，是甘蔗生产中的主要副产物之一。广西每年有几百万吨的蔗梢废弃物，除少部分作饲料和留种以外，大部分被焚烧，既造成严重的空气污染与安全隐患，又浪费资源，开发利用迫在眉睫。

目前甘蔗的精深加工利用多集中在蔗茎、蔗渣和糖蜜等方面，国际上特别是巴西、日本和台湾对甘蔗汁、甘蔗叶以及蔗糖加工中的中间产物和副产物中多酚物质的深入研究较多，发现这几类物质中多酚化合物以酚酸、黄酮和黄酮苷为主，具有抗氧化、抗肿瘤和治疗胃溃疡等功效[2-4]。国内外对蔗梢的研究利用较少，多停留在蔗梢青贮饲料、食用蔗笋、蔗梢汁饮料等初加工方面[5-7]。蔗梢富含多酚，据报道蔗梢虽然只占蔗茎的小部分，但多酚类物质含量比蔗茎还多，且比较集中[8]。目前蔗梢多酚的研究还停留在多酚的提取工艺及含量测定层面，对甘蔗多酚的深入系统研究未见报道。为探明蔗梢多酚的化学组成，前期我们开展了蔗梢多酚类化合物的分离纯化、结构鉴定，从蔗梢中分离到8种多酚类化合物，并鉴定了其化学结构，此部分工作已另文发表[9]。本文对这8种多酚类化合物的抗氧化和抗肿瘤活性进行研究，以期为蔗梢多酚的开发利用奠定理论基础。

1 材料与方法

1.1 原料与仪器

8种蔗梢多酚类化合物由本实验室分离鉴定[9]，分别为4-羟基肉桂酸、芹菜素、咖啡酸、槲皮素、3-异戊烯基-5，7，2′，4′-四羟基黄酮、5′-异戊烯基-5，7，2′，4′-四羟基黄酮、8-（2，4-二羟苯基）-5-羟基-2-甲基-2-（4-甲基戊-3-烯基）-吡喃并苯并吡喃-6-酮、2-（3，5-二羟苯基）-5-羟基-苯并呋喃。

Trolox、AAPH、DPPH、荧光素钠、MTT 四甲基噻唑蓝（美国 sigma 公司）；顺铂（昆明贵研药业有限公司）；细胞：CNE2（人鼻咽癌低分化鳞状上皮细胞，人鼻咽癌细胞株）、SGC7901（人胃癌细胞株）、Hela（人宫颈癌细胞株）由暨南大学医学院提供；所用试剂均为分析纯。

752N 紫外可见分光光度计（上海精密科学仪器有限公司）；RE-52AA 旋转蒸发仪（上海亚荣生化仪器厂）；SHZ-82 水浴恒温振荡器（金坛市恒丰仪器厂）；101-3 电热鼓风恒温干燥箱（上海浦东形容科学仪器有限公司）；CU600 型电热恒温水箱（上海福玛实验有限公司）；CO_2 培养箱（美国 Thermo Forma 公司）；NP-S-15-500 超声波生化仪（广东新动力超声电子有限公司）；Elx800 全自动酶标仪（奥地利 DIALAB 公司）。

1.2　试验方法

1.2.1　蔗梢多酚类化合物抗氧化活性的测定

1.2.1.1　DPPH 自由基清除能力测定

用无水乙醇配制浓度为 0.2mmol/L 的 DPPH 自由基溶液，样品组分别加入 2mL 样品和 2mL DPPH 自由基溶液，对照组加入 2mL 50% 乙醇和 2mL DPPH 自由基溶液，用涡旋振荡器充分混匀，避光反应 30min 后在 517nm 处测定吸光度值[10]。

DPPH 自由基清除率（%）= $[1-(A_{样品}-A_{对照})/A_{对照}]\times 100$

式（1）

1.2.1.2　氧自由基吸收能力（ORAC）评价

ORAC 评价方法参考 Joseph 等[11]的方法并加以改进。用 75mmol/L 磷酸氢二钠 – 磷酸二氢钠缓冲溶液（pH 值 7.4）配制浓度为 39.9μmol/L 的荧光素钠储备液，于 4℃ 避光保藏。用 75mmol/L 磷酸氢二钠 – 磷酸二氢钠缓冲溶液（pH 值 7.4）稀释荧光素钠储备液，即得浓度为 0.159μM 的荧光素钠使用液。AAPH 用 75mmol/L 磷酸氢二钠-磷酸二氢钠缓冲溶液（pH值7.4）配制浓度为38.25mmol/L溶液，每次使用的AAPH均为新鲜配制，使用前置于冰水中。精确称取Trolox，用无水乙醇配成2mmol/L溶液，并用75mmol/L磷酸氢二钠-磷酸二氢钠缓冲溶液（pH值7.4）稀释成不同浓度。

预先将酶标仪预温至37℃，保持反应体系温度恒定为37℃。设定激发波长为485nm，发射波长为530nm。在96孔板中，每孔加入25μL样品溶液或Trolox溶液，空白对照为缓冲溶液，然后加入75μL荧光素钠使用液，将板放入酶标仪中，37℃孵育10min。加100μL AAPH后，开始计时反应并读数（f_0），每分钟读一次数（f_1，f_2，…，f_{70}），共读71次（共计时反应70min），将每次读数连成曲线。每个样品设置3个重复孔，AUC表示曲线下的面积。

$$AUC = 0.5(f_0 + f_n) + (f_1 + f_2 + \cdots + f_i + \cdots + f_{n-1}) \quad 式（2）$$

$$Net\ AUC = AUC_{sample} - AUC_{blank} \quad 式（3）$$

Trolox浓度与其Net AUC成正比，将样品Net AUC代入，换算得到ORAC值，即样品相当于Trolox的量（μmol Trolox当量/μmol）。

1.2.1.3 ABTS自由基清除能力测定

试验参考Cao[12]、Smith[13]的方法并加以改进，将ABTS溶解在2.45mmol/L $K_2S_2O_8$水溶液中，配成7mmol/L的溶液，避光放置12~16h，得到$ABTS^+ \cdot$储备溶液。用磷酸钠缓冲液（10mmol/L）将$ABTS^+ \cdot$储备溶液稀释至吸光度值为0.70±0.02（734nm），即得$ABTS^+ \cdot$工作液。取100μL样品溶液于10mL试管中，加入4mL $ABTS^+ \cdot$工作液，漩涡振荡30s，于734nm测吸光度值。

$$ABTS自由基清除率（\%）= [1 - (A_{样品} - A_{对照})/A_{对照}] \times 100\% \quad 式（4）$$

1.2.2 蔗梢多酚类化合物体外抗肿瘤活性的测定

CNE2、SGC7901、Hela接种在含10%胎牛血清的DMEM培养基中，于37℃、5% CO_2培养箱中培养。取对数生长期细胞，用0.25%胰蛋白酶消化后，接种于96孔细胞培养板上（3×10^4 cells/mL），每孔100μL。置37℃、5% CO_2培养箱中培养24h后，实验组分别加入样品，对照组则加入等体积溶剂，每组3孔，重复3次。在37℃、5% CO_2培养箱中培养3d，加入MTT（5mg/mL）20μL继续培养4h，弃上清，加入 150μL DMSO，振荡 15min，以酶标仪在 490nm 处测各孔吸光度值，按下式计算药物对肿瘤细胞生长的抑制率[14-15]，利用对数几率图解法计算样品的半数抑制浓度（IC_{50}）。

肿瘤细胞生长抑制率（%）= {[1 - A_{490}（实验组）]/A_{490}（对照组）} × 100 　　　　　　　　　　　　　　　式（5）

2　结果与讨论

2.1　蔗梢多酚化合物的抗氧化活性

8 个多酚化合物的抗氧化试验结果见表 1。实验中的 8 个化合物的结构鉴定过程已另文发表[9]，化学结构见图 1，主要有酚酸类、黄酮类和苯并呋喃类 3 种，从结构上看，多酚类化合物是指分子结构中有若干个酚性羟基的植物成分的总称，包括酚酸和黄酮类化合物。黄酮类化合物泛指两个具有酚羟基的苯环（A-与 B-环）通过中央三碳原子相互连结而成的一系列化合物，其化学结构骨架为 C_6 C_3 C_6。苯并呋喃类的化学骨架为 C_6-C_3。其中咖啡酸和 4-羟基肉桂酸为酚酸类，槲皮素、芹菜素、8-（2,4-二羟苯基）-5-羟基-2-甲基-2-（4-甲基戊-3-烯基）-吡喃并苯并吡喃-6-酮、3-异戊烯基-5,7,2′,4′-四羟基黄酮、5′-异戊烯基-5,7,2′,4′-四羟基黄酮为黄酮类，2-（3,5-二羟苯基）-5-羟基-苯并呋喃为苯并呋喃类。

表 1　8 个蔗梢多酚类化合物的抗氧化活性

Table 1　Antioxidant activities of eight polyphenolic compounds from sugarcane tops

化合物 （100μmol/L）	DPPH 清除率 （%）	ABTS 清除率 （%）	ORAC （μmol Trolox 当量/μmol）
Trolox（阳性对照）	87.3 ± 3.8^b	91.1 ± 4.7^{ab}	—
咖啡酸	93.7 ± 2.7^a	95.7 ± 3.2^a	66.8 ± 1.6^d
4-羟基肉桂酸	72.3 ± 1.3^c	71.0 ± 1.9^d	71.5 ± 2.3^c

（续表）

化合物 （100 μmol/L）	DPPH 清除率 （%）	ABTS 清除率 （%）	ORAC （μmol Trolox 当量/μmol）
槲皮素	97.7 ± 3.6[a]	91.3 ± 2.6[ab]	80.2 ± 3.3[b]
芹菜素	87.1 ± 5.4[b]	87.0 ± 3.0[b]	56.8 ± 0.8[d]
8-（2,4-二羟苯基）-5-羟基-2-甲基-2-（4-甲基戊-3-烯基）-吡喃并苯并吡喃-6-酮	85.3 ± 1.6[b]	68.6 ± 2.1[d]	71.7 ± 2.5[c]
3-异戊烯基-5, 7, 2′, 4′-四羟基黄酮	77.0 ± 2.6[c]	86.7 ± 1.1[b]	68.0 ± 1.5[cd]
5′-异戊烯基-5, 7, 2′, 4′-四羟基黄酮	97.2 ± 4.4[a]	76.7 ± 2.9[c]	86.9 ± 3.4[a]
2-（3, 5-二羟苯基）-5-羟基-苯并呋喃	42.6 ± 0.9[d]	44.0 ± 1.8[e]	63.2 ± 2.1[de]

a, b, c, d：同列两组数据间标注字母不同者，表示两组数据有显著性差异（$P < 0.05$）

从表 1 中可以看出，化合物抗氧化能力的大体趋势为黄酮类 > 酚酸类 > 苯并呋喃类，其中，槲皮素、咖啡酸和 5′-异戊烯基-5, 7, 2′, 4′-四羟基黄酮的 DPPH 自由基清除率显著（$P < 0.05$）高于阳性对照 Trolox，芹菜素和 8-（2,4-二羟苯基）-5-羟基-2-甲基-2-（4-甲基戊-3-烯基）-吡喃并苯并吡喃-6-酮与 Trolox 无显著性差异（$P > 0.05$），4-羟基肉桂酸、3-异戊烯基-5, 7, 2′, 4′-四羟基黄酮、2-（3, 5-二羟苯基）-5-羟基-苯并呋喃显著低于 Trolox（$P < 0.05$）；咖啡酸、槲皮素、芹菜素 3-异戊烯基-5, 7, 2′, 4′-四羟基黄酮的 ABTS 自由基清除率与阳性对照 Trolox 无显著性差异（$P > 0.05$），其他化合物的 ABTS 自由基清除率显著低于 Trolox（$P < 0.05$）；5′-异戊烯基-5, 7, 2′, 4′-四羟基黄酮的 ORAC 值显著高于其他化合物（$P < 0.05$）。多酚类化合物结构特点是苯基上连接有多个羟基，易失去羟基上的质子，其抗氧化能力依赖于失去 H 质子后，所形成苯氧自由基的稳定性，化合物中的共轭结构越大，其苯氧自由基越稳定[16-17]。因此，多酚类化合物抗氧化能力的高低与所含羟基的数量及邻苯二酚结构的数量有关，这也解释了本文中的试验结果，黄酮类化合物所含的酚羟基较多，其次是酚酸类，最后是苯并呋喃类。在这

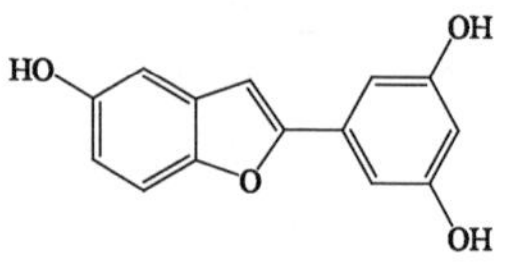

4-羟基肉桂酸　R=H
咖啡酸　　　R=OH

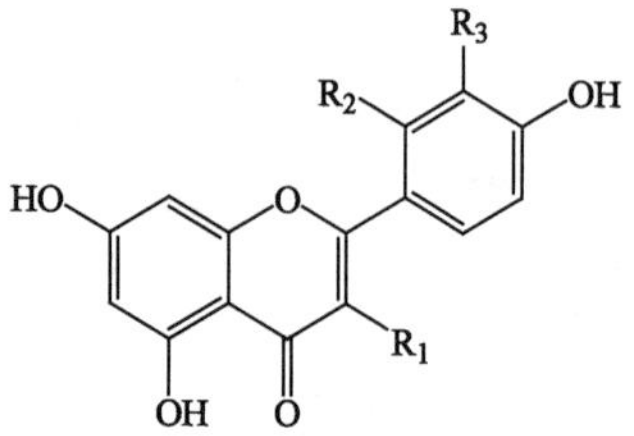

芹菜素　　　R_1=H　R_2=H　R_3=H
槲皮素　　　R_1=OH　R_2=H　R_3=OH
3-异戊烯基-5,7,2′,4′-四羟基黄酮　R_1=异戊烯基　R_2=OH　R_3=H

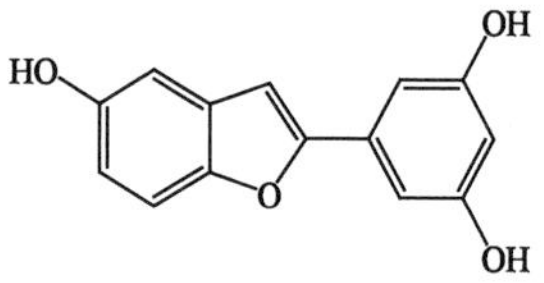

2-(3,5-二羟苯基)-5-羟基-苯并呋喃

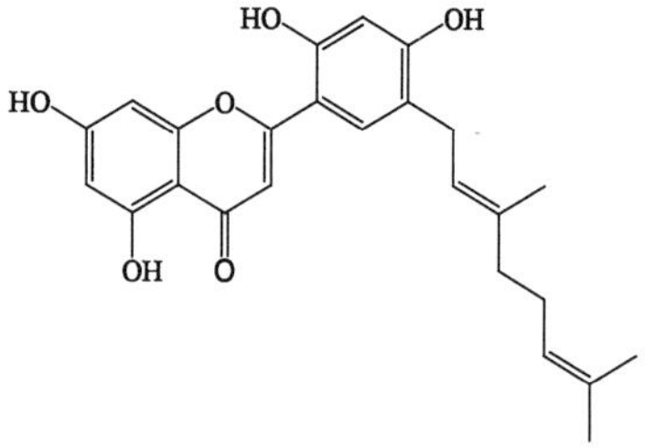

5′-异戊烯基-5,7,2′,4′-四羟基黄酮

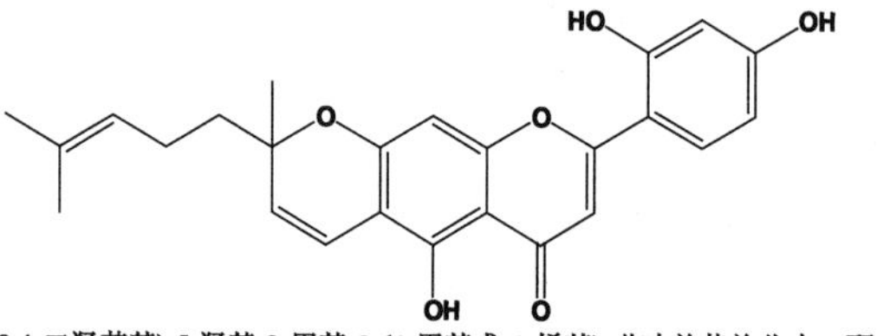

8-(2,4-二羟苯基)-5-羟基-2-甲基-2-(4-甲基戊-3-烯基)-吡喃并苯并吡喃-6-酮

图 1　蔗梢中 8 中多酚化合物的化学结构
Fig. 1　Chemical structure of eight polyphenol compounds from sugarcane tops

8 个蔗梢多酚类化合物中，槲皮素和咖啡酸含有邻苯二酚结构，试验结果证实，综合来看这两种化合物的抗氧化活性较其他化合物强。

2.2　蔗梢多酚化合物的抗肿瘤活性

本实验选择了三种常见的肿瘤细胞考察蔗梢多酚化合物的抗肿瘤活性，具体结果见表 2。实验结果表明，几种化合物对不同的肿瘤细胞表现出不同的抑制增殖能力。咖啡酸抑制 CNE2（人鼻咽癌细胞株）增殖的活性显著高于其他 7 种化合物，但显著低于对照顺铂（$P<0.05$），而且在抑制其他两种肿瘤细胞增殖时表现并不突出。槲皮素能有效地抑制 SGC7901（人胃癌细胞株）的增殖，抑制活性与顺铂无显著性差异（$P>0.05$）；2-（3，5-二羟苯基）-5-羟基－苯并呋喃和槲皮素能有较强地抑制 Hela（人宫颈癌细胞株）的增殖，但抑制活性显著低于顺铂（$P<0.05$）。综合本文 8 种多酚化合物的抗肿瘤活性，发现槲皮素的综合抗肿瘤活性最高。已有研究表明槲皮素能在毫摩尔浓度直接抑制皮肤肿瘤、白血病、结肠癌、肝癌、胃癌、肺癌、乳腺癌、前列腺癌、卵巢癌和结肠癌等多种肿瘤细胞的增殖[20]。银合欢种子中槲皮素对人肝癌细胞株 BEL7404、人胃癌细胞株 SGC7901 及人鼻咽癌细胞株 CNE 的增殖具有抑制作用[21]。槲皮素抗肿瘤作用的机理已有深入研究，槲皮素可特异性地诱导人 HeLa 细胞凋亡，其诱导凋亡的机制可能与 caspase-3、caspase-8 活化有关[22]，通过诱导细胞周期停滞和细胞凋亡而抑制肝癌 $HepG_2$ 细胞增殖[23]。槲皮素能够有效抑制胃癌 SGC-7901 的生长，呈时间剂量依赖性，抑制增生与诱导凋亡的机制可能与 HSP70 和 EGFR 表达的下调有关[24]。王海燕等发现，槲皮素通过降低 C-myc 蛋白表达和促进 P16 蛋白表达，下调 C-myc mRNA 的表达的同时上调 P16 mRNA 的表达，来抑制胃癌 MGC-803 细胞的生长并诱导其发生凋亡，表现出抗肿瘤效应[25]。

多酚类化合物因结构中取代基不同，其抗肿瘤活性有很大差异，构效关系非常复杂，主要集中在羟基的位置和数量、双键的位置上。以黄酮为例，分子中含有 2~4 个酚羟基、C 环 2，3 为双键、B 环定位于 2 位、含有邻苯二酚结构，是其关键的结构－效应元件，具有这些元件的黄酮其抗肿瘤活性较强，反之则无抗肿瘤活性[18-19]。本文的实验结果与上述规律也有一定程度符合，槲皮素含有邻苯二酚，且酚羟基数量为 5 个，C 环 2，3 为双键结构；咖啡酸和 2-（3，5-二羟苯基）-5-羟基-苯并呋喃也具有邻苯二酚结构，酚羟基数量为 3 个。这也从结构上解释了其抗肿瘤活性较强的原因。

表2 8个蔗梢多酚化合物单体的抗肿瘤活性

Table 2 Antitumor activities of eight polyphenolic compounds from sugarcane tops

化合物	IC_{50}（μmol/L）		
	CNE2	SGC7901	Hela
顺铂（阳性对照）	13.40 ± 0.55 ^{a}	18.81 ± 1.08 ^{a}	6.87 ± 0.09 ^{a}
4-羟基肉桂酸	95.31 ± 8.19 ^{d}	106.19 ± 8.47 ^{cd}	79.21 ± 6.71 ^{c}
咖啡酸	37.87 ± 2.53 ^{b}	63.93 ± 4.64 ^{b}	93.14 ± 3.76 ^{d}
槲皮素	65.08 ± 5.78 ^{c}	29.29 ± 4.88 ^{a}	32.70 ± 3.53 ^{b}
芹菜素	120.61 ± 12.51 ^{ef}	116.37 ± 8.12 ^{d}	147.75 ± 6.68 ^{f}
8-（2,4-二羟苯基）-5-羟基-2-甲基-2-（4-甲基戊-3-烯基）-吡喃并苯并吡喃-6-酮	129.35 ± 11.27 ^{f}	94.85 ± 3.12 ^{c}	75.76 ± 6.98 ^{c}
3-异戊烯基-5,7,2′,4′-四羟基黄酮	150.51 ± 10.58 ^{g}	159.78 ± 13.03 ^{e}	119.21 ± 7.13 ^{e}
5′-异戊烯基-5,7,2′,4′-四羟基黄酮	108.22 ± 7.44 ^{e}	116.02 ± 8.57 ^{d}	83.18 ± 4.15 ^{c}
2-（3,5-二羟苯基）-5-羟基-苯并呋喃	63.01 ± 3.65 ^{c}	72.35 ± 6.30 ^{b}	27.10 ± 2.99 ^{b}

a，b，c，d：同列两组数据间标注字母不同者，表示两组数据有显著性差异（$P < 0.05$）

3 结论

从蔗梢多酚提取物中分离到的8种多酚化合物具有较好的抗氧化活性和一定的抗肿瘤活性。槲皮素、咖啡酸和5′-异戊烯基-5,7,2′,4′-四羟基黄酮的DPPH自由基清除率显著高于阳性对照Trolox（$P < 0.05$），咖啡酸、槲皮素、芹菜素、3-异戊烯基-5,7,2′,4′-四羟基黄酮的ABTS自由基清除率与阳性对照Trolox无显著性差异（$P > 0.05$），5′-异戊烯基-5,7,2′,4′-四羟基黄酮的ORAC值显著高于其他化合物（$P < 0.05$）。咖啡酸抑制CNE2增殖的活性最强，槲皮素抑制SGC7901增殖的活性最强，2-（3,5-二羟苯基）-5-羟基-苯并呋喃和槲皮素能较强地抑制Hela的增殖，但它们抑制肿瘤细胞增殖

的能力显著低于阳性对照顺铂（$P < 0.05$）。从化学结构上看，多酚类化合物抗氧化和抗肿瘤活性的高低与所含羟基的数量及邻苯二酚结构的数量有关。

参考文献

[1] 侯佳. 广西甘蔗糖业产业竞争力研究 [D]. 南宁：广西大学，2012.

[2] Nagai Y, Mizutani H T, Wabe L, et al. Physiological functions of sugarcane extracts [J]. Sugar Industry Technologists 60th Annual Meeting, Taipei, 2001, 14 – 19.

[3] Duarte-Almeida J M, Salatino A, Genovese M I, et al. Phenolic composition and antioxidant activity of culms and sugarcane (Saccharum officinarum L.) products [J]. Food Chemistry, 2011, 125：660 – 664.

[4] Duarte-Almeida J M, Novoa A V, Linares A F, et al. Antioxidant activity of phenolics compounds from sugar cane (Saccharum officinarum L.) juice [J]. Plant Foods for Human Nutrition, 2006, 61：187 – 192.

[5] 韦正宇，蒋柳平. 甘蔗尾叶加尿素育肥本地水牛试验报告 [J]. 广西畜牧兽医，2002, 18（2）：4 – 6.

[6] 李乔仙，高月娥，尚德林，等. 云南甘蔗稍饲用现状及其青贮营养成分测定 [J]. 养殖与饲料，2011, 10：45 – 47.

[7] 保国裕. 从甘蔗中提制若干保健品的探讨（上）[J]. 甘蔗糖业，2003（1）：40 – 46.

[8] 张业辉. 蔗梢中氨基酸的提取分离研究 [D]. 南宁：广西大学，2007.

[9] Sun J, He X M, Zhao M M, et al. Antioxidant and nitrite-scavenging capacities of phenolic compounds from sugarcane (Saccharum officinarum L.) tops [J]. Molecules, 2014, 19：13 147 – 13 160.

[10] Kadam U S, Ghosh S B, Strayo D, et al. Antioxidant activity in sugarcane juice and its protective role against radiation induced DNA damage [J]. Food Chemisty, 2008, 106：1 154 – 1 160.

[11] Joseph A P, Charles G S, Dennis S. Application of manual assessment of oxygen radical absorbent capacity (ORAC) for use in high throughput assay of "total" antioxidant activity of drugs and natural products [J]. Journal of Pharmacol Toxicol Methods, 2006, 54：56 – 61.

[12] Cao G. Antioxidant and prooxidant behavior of flavonoids structure-activity relationshio [J]. Free Radical Biology & Medicine, 1997, 22（5）：749 – 760.

[13] Smith M, Zhu X. Increased iron and free radical generation in preclinical Alzheimer disease and mild cognitive impairment [J]. J Alzheimers Dis, 2010, 19（1）：363 – 372.

[14] 邓家刚，郭宏伟，侯小涛，等. 甘蔗叶提取物的体外抗肿瘤活性研究 [J]. 辽

宁中医杂志, 2010, 37 (1): 32 – 34.

[15] 江恒, 苏纪平, 方锋学, 等. 甘蔗叶多糖的提取分离及体外抗肿瘤作用研究 [J]. 临床合理用药, 2012, 5 (5C): 28 – 31.

[16] Zhang H Y. Structure-activity relationships and rational design strategies for radical-scavenging antioxidants [J]. Current Computer-Aided Drug, 2005, 1 (3): 257 – 273.

[17] Chen Z Y, Ren J, Li Y Z, et al. Study on the multiple mechanisms underliying the reaction between hydroxyl radical and phenolic compounds by qualitative structure and activity relationship [J]. Bioorganic & Medicinal Chemisty Letters, 2002, 10 (2): 4 067 – 4 073.

[18] 杨志峰, 朱英, 李珊珊. 植物黄酮的抗肿瘤作用及其构效关系的研究所进展 [J]. 四川中医, 2011, 29 (9): 35 – 39.

[19] 常微. 植物黄酮抗肿瘤效应的结构—效应关系及 ROS 相关作用机制研究 [D]. 重庆: 第三军医大学, 2008.

[20] 舒毅, 谭陶, 张思宇, 等. 槲皮素的药理学研究进展 [J]. 华西药学杂志, 2008, 23 (6): 689 – 691.

[21] 周江煜, 王礼蓉, 杜正彩, 等. 银合欢种子中槲皮素对 BEL7404、SGC7901 及 CNE 的抑制作用研究 [J]. 广西中医学院学报, 2012, 15 (2): 50 – 53.

[22] 顾超, 徐水凌, 唐文稳, 等. 槲皮素诱导 HeLa 细胞凋亡及 caspase-3、caspase-8 活化对凋亡影响的研究 [J]. 中国药学杂志, 2011, 46 (8): 595 – 599.

[23] 赵旭林, 徐国昌, 贺利民, 等. 槲皮素诱导人肝癌 $HepG_2$ 细胞凋亡的实验研究 [J]. 实用心脑肺血管病杂志, 2010, 18 (3): 310 – 311.

[24] 向廷秀, 陶小红, 姜政, 等. 槲皮素对 SGC-7901 胃癌细胞生长及 HSP70 和 EGFR 表达的影响 [J]. 西安交通大学学报 (医学版), 2007, 28 (4): 411 – 414.

[25] 王海燕, 郭良森, 陈勇, 等. 槲皮素抑制人胃癌 MGC-803 细胞增殖并诱导其凋亡的研究 [J]. 细胞与分子免疫学杂志, 2006, 22 (5): 585 – 587.

原文发表于《食品与工业科技》, 2015, 23: 343 – 347.

第四篇 技术发明专利

低聚木糖的浓缩分离纯化系统

(ZL 201520797310.0,证书编号 5046562,证书发布日:2016.03.09)

李　丽,孙　健,何雪梅,盛金凤,李昌宝,
郑凤锦,李杰民,刘国明,廖　芬,零东宁

技术领域

本实用新型涉及农产品加工设备领域,具体涉及一种低聚木糖的浓缩分离纯化系统。

背景技术

低聚木糖是一种具有适度的甜味、口感良好的甜味剂,其易溶于水,不增加产品的黏度,物理性质稳定,非常适合于在功能性饮料中应用。工业上生产低聚木糖主要以木质纤维素类物质为原料,如玉米芯、甘蔗渣、秸秆等农产品副产物。利用蔗渣制备木聚糖具有十分广阔的前景。以甘蔗渣为原料制备低聚木糖溶液时,溶液中还混有一部分色素以及盐分等杂质。其中色素主要来源于纤维素原料本身含有的色素、焦糖化反应、还原糖与纤维质中的氨基酸产生的美拉德反应以及还原糖的酸降解反应产生的产物。在木聚糖碱法提取的过程中,常会有大量的钠离子混入提取液中,而钠离子的存在对木聚糖发酵有抑制作用,同时混入钠离子还会降低终产品低聚木糖的质量。对低聚木糖溶液进行脱色脱盐是低聚木糖精制的关键所在。

实用新型内容

本实用新型的目的是为解决上述问题,提供一种用于低聚木糖精加工、能有效脱色脱盐及浓缩的浓缩分离纯化系统。

本实用新型的技术方案为:

低聚木糖的浓缩分离纯化系统,包括料罐,还包括依次连接的纯化单元及浓缩分离单元;所述纯化单元包括相互串联的脱色装置、阳离子树脂柱和阴离子树脂柱;所述浓缩分离单元包括至少两个相互串联的过滤装置;所述纯化单元的输入端通过第一供料泵及第一供料管与料罐的输出端连接,纯化单元的输出端通过第二供料泵及第二供料管与浓缩分离单元的输入端连接,所述纯化单元及浓缩分离单元内的各装置之间通过输送管连接。

优选的,所述料罐及纯化单元的脱色装置、阳离子树脂柱和阴离子树脂柱外侧均设有保温层,所述保温层与控温装置连接,通过温度控制,保证纯化的木糖溶液能保持恒定的温度,有利于脱色脱盐工序的顺利进行。

优选的,所述脱色装置为活性炭柱,所述阳离子树脂柱为填充市售的 001×7、D001、D113 树脂中的任一种,所述阴离子树脂柱为填充市售的 D301、201×4、717、D311、D201 树脂中的任一种。

优选的,所述浓缩分离单元包括串联的无机陶瓷膜和截留分子量 800D 的纳滤膜,其中,无机陶瓷膜过滤掉大颗粒的非糖物质,纳滤膜用以去除小分子的单糖、寡糖、色素和水,得到多糖浓缩液,达到浓缩分离的双重效果。

优选的,所述无机陶瓷膜的输出端和纳滤膜的输入端之间还设有滤液供料泵。

优选的,所述纯化单元及浓缩分离单元内的输送管上还设有回流支管,所述回流支管与纯化单元及浓缩分离单元内各装置的输入端连接。

优选的,所述输送管上设有输出控制阀,所述回流支管上设有回流控制阀,未脱色、脱盐或浓缩完全的糖液可再回流至前道工序中,重复脱色、脱盐或浓缩工序,使进入下一步工序的糖液纯度更高,有利于提高低聚木糖的加工精度。

优选的,所述纯化单元的脱色装置、阳离子树脂柱和阴离子树脂柱之间还设有恒流泵,控制溶液均匀进入脱色、脱盐装置,有效控制脱色、脱盐效率。

本实用新型具备脱色、脱盐、浓缩、分离纯化的功能,还通过物料回流对各工序的加工精度进行有效控制,具有设备连接简单、使用控制方便等优点,可广泛应用于低聚木糖的精加工。

附图说明

图1为本实用新型的结构示意图。

具体实施方式

下面结合附图对本实用新型的较优实施例进行进一步详细的说明。

如图1为本实用新型低聚木糖的浓缩分离纯化系统的结构示意图,包括料罐1,还包括依次连接的纯化单元及浓缩分离单元;所述纯化单元包括相互串联的活性炭柱2、阳离子树脂柱3和阴离子树脂柱4,其中,阳离子树脂柱3填充001×7树脂,阴离子树脂柱4填充D301树脂;所述浓缩分离单元包括相互串联的无机陶瓷膜5和截留分子量800D的纳滤膜6;所述纯化单元的输入端通过第一供料泵9及第一供料管12与料罐1的输出端连接,纯化单元的输出端通过第二供料泵10及第二供料管13与浓缩分离单元的输入端连接,所述纯化单元及浓缩分离单元内的各装置之间通过输送管14连接。所述料罐及活性炭柱2、阳离子树脂柱2和阴离子树脂柱3外侧均设有保温层18,所述保温层18与控温装置19连接。输送管14上还设有回流支管17,所述回流支管17与纯化单元及浓缩分离单元内各装置的输入端连接。所述输送管14上设有输出控制阀16,所述回流支管上设有回流控制阀17。所述无机陶瓷膜5的输出端和纳滤膜6的输入端

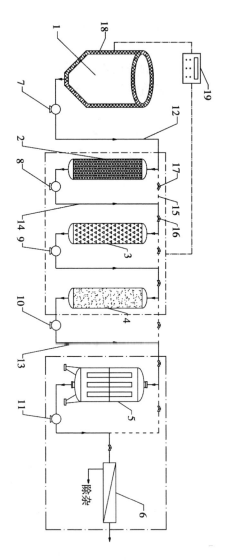

图 1　本实用新型的结构示意

附图标记为：1. 料罐；2. 活性炭柱；3. 阳离子树脂柱；4. 阴离子树脂柱；5. 无机陶瓷膜；6. 纳滤膜；7. 第一供料泵；8. 第一恒流泵；9. 第二恒流泵；10. 第二供料泵；11. 滤液供料泵；12. 第一供料管；13. 第二供料管；14. 输送管；15. 回流支管；16. 输出控制阀；17. 回流控制阀；18. 保温层；19. 控温装置。

之间还设有滤液供料泵11。活性炭柱2、阳离子树脂柱3和阴离子树脂柱4之间还分别设有第一恒流泵8和第二恒流泵9。

粗低聚木糖溶液从料罐1经第一供料泵7泵送至活性炭柱2中进行脱色，脱色后的溶液经第一恒流泵8均匀送入填充001×7树脂的阳离子树脂柱3中，再经过第二恒流泵9均匀送入填充D301树脂的阴离子树脂柱4中，进行脱盐；如脱盐脱色工序经检测未达到下一道工序输入要求，则关闭输出控制阀16，开启回流控制阀17，使溶液经过回流支管15再次回流到设备中，重复脱色、离子交换；反之，经过脱色、离子交换的溶液由第二供料泵10泵经第二供料管13进入后续的浓缩分离单元中，经过无机陶瓷膜5过滤掉大颗粒的非糖物质后，由滤液过料泵11送至截留分子量800D的纳滤膜6中去除小分子的单糖、寡糖、色素和水，得到多糖浓缩液，最后输出至真空冷冻装置干燥即可制得精制的低聚木糖成品。

一种木聚糖加工装置

(ZL201520797346.9，证书编号5018855，证书发布日：2016.02.24)

李　丽，盛金凤，何雪梅，孙　健，李昌宝，郑凤锦，
李杰民，刘国明，廖　芬，零东宁，廖覃敏

技术领域

本实用新型涉及农产品废弃物加工设备领域，具体涉及一种木聚糖加工装置。

背景技术

甘蔗渣中含大量的纤维素、半纤维素和木质素，经降解后可得到木聚糖。利用蔗渣制备木聚糖具有十分广阔的前景。但木聚糖的制备工艺较为复杂，往往需要多套设备才能完成木聚糖的生产加工，不利于利用蔗渣制备木聚糖的推广应用。

实用新型内容

本实用新型的目的是为解决上述问题，为蔗渣的深加工提供一种具备搅拌、反应、提纯为一体的木聚糖加工装置。

本实用新型的技术方案为：

一种木聚糖加工装置，包括顶部设有进料口、底部带支座的罐体，所述罐体分为依次连接的混合区、反应区及分离区；

所述混合区设有垂直安装于罐体中部的转轴，转轴上设有第一搅

拌桨，所述转轴一端穿出罐体顶部与第一电机连接；

所述反应区底部设有漏斗型集料斗；所述集料斗底部与通入分离区的进料管通过电控门相连；

所述分离区分为液仓和固体仓，液仓及固体仓中部分别设有滤网和固体分离口，所述进料管、滤网及固体分离口依次连接；所述滤网内设有滤网轴承，所述滤网轴承末端延伸至固体分离口内，并通过皮带与罐体外的第二电机连接；液仓及固体仓底部的罐体上还分别设有液体出口及固体出口。

优选的，所述第一搅拌桨数量为 2～10 个，呈水平交错布置，电机带动转轴旋转，进而带动设于转轴上的第一搅拌桨旋转，对进入罐体内的物料进行破碎打散，以利于后续反应。

优选的，还设有加药装置，所述加药装置设于罐体外侧并连接至所述反应区上部。

优选的，所述加药装置为 2 套，分别对称设置于罐体两侧，2 套加药装置可分别为酸、碱加药装置，根据不同的反应需要，投加不同反应药剂。

优选的，所述电控门与设在罐体外的控制器相连，通过控制器可设定电控门的定时启闭，让反应区内的物料在合适的反应时间内充分反应后再进入后续工序。

优选的，所述转轴通入所述反应区中下部，转轴底部还设有第二搅拌桨，转轴转动时，带动第二搅拌桨旋转，对反应区的溶液进行搅拌，促进物料充分快速反应。

优选的，所述混合区罐体内还设有超声波换能器，所述超声波换能器与超声波发生器相连。

优选的，所述超声波换能器呈环状布置于罐体内，超声波可有效地破碎物料的细胞壁，使有效成分呈游离状态并溶入提取溶媒中，另一方面可加速提取溶媒的分子运动，使得溶液和物料中的有效成分快速接触，相互溶合、混合、反应。

优选的，罐体内还设有温度计，所述温度计通过温度传感器连接至设于罐体外侧的温度表盘上，通过表盘显示的温度调整超声波装置的发生功率，进而调整控制罐体内的温度。

优选的，所述分离区内还设有轴承箱，将轴承、皮带等与掉落下来的固体分离物隔离开，能有效保护轴承及其他传动装置。

本实用新型的木聚糖加工装置为一体化设备，具搅拌、加热、混合反应及物料分离于一体，操作简单，使用方便，且超声波装置能有效提高物料中有效成分的提取率，使木聚糖的加工提取更有效快捷。

附图说明

图1为本实用新型的结构示意图。

具体实施方式

下面结合附图对本实用新型的较优实施例进行进一步详细的说明。

如图1为本实用新型木聚糖加工装置的结构示意图，该木聚糖加工装置，包括顶部设有进料门3、底部带支座2的罐体1，所述罐体1分为依次连接的混合区、反应区及分离区；所述混合区设有垂直安装于中部的转轴，转轴上设有第一搅拌桨6，第一搅拌桨6数量为2~10个，呈水平交错布置，所述第一搅拌桨6一端穿出罐体1顶部与第一电机4连接；所述反应区底部设有漏斗型的集料斗8；所述集料斗8底部与通入分离区的进料管9通过电控门801相连，所述电控门801与设在罐体1外的控制器23相连；所述分离区分为液仓10和固体仓11，液仓10及固体仓11中部分别设有滤网12和固体分离口16，所述进料管9、滤网12及固体分离口16依次连接；所述滤网12内设有滤网轴承15，所述滤网轴承15末端延伸至固体分离口16内，并通过皮带14与罐体1外的第二电机13连接；液仓10及固体仓11底部的罐体上还分别设有液体出口17及固体出口18。

加工装置还设有2套加药装置19，所述加药装置19分别设于罐体1的两外侧并连接至所述反应区上部。

所述转轴5通入所述反应区中下部，转轴5底部还设有第二搅拌桨7，转轴5转动时，带动第二搅拌桨7旋转，对反应区的溶液进行

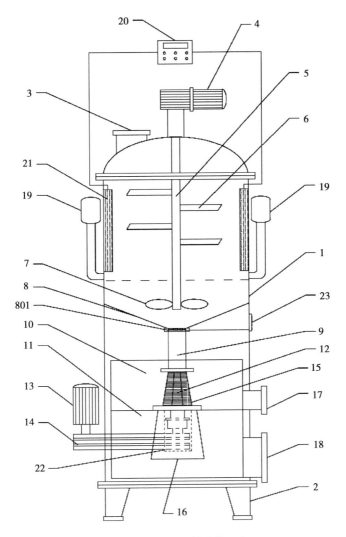

图1　本实用新型的结构示意

附图标记为：1. 罐体；2. 支座；3. 进料口；4. 第一电机；5. 转轴；6. 第一搅拌桨；7. 第二搅拌桨；8. 集料斗；801. 电控门；9. 进料管；10. 液仓；11. 固体仓；12. 滤网；13. 第二电机；14. 皮带；15. 滤网轴承；16. 固体分离口；17. 液体出口；18. 固体出口；19. 加药装置；20. 超声波发生器；21. 超声波换能器；22. 轴承箱；23. 控制器。

搅拌，促进物料充分快速反应。

罐体 1 内还设有环状布置的超声波换能器 21，所述超声波换能器 21 与罐体 1 外的超声波发生器 20 相连。

罐体 1 内还设有温度计，所述温度计通过温度传感器连接至设于罐体 1 外侧的温度表盘上，通过表盘显示的温度调整超声波装置的发生功率，进而调整控制罐体内的温度。另外，分离区内还设有轴承箱 22，将轴承 15、皮带 14 等传动装置与掉落下来的固体分离物隔离开来。

经过粉碎晾干预处理的甘蔗渣物料从罐体 1 顶部的进料口 3 进入罐体 1 内的混合区后，第一电机 4 带动设于转轴 5 上的第一搅拌桨 6 转动，将甘蔗渣料破碎打散，适其均匀落于下方的反应区内。在加药装置 19 中加入氢氧化钠溶液，氢氧化钠顺着加药装置 19 进入罐体 1 的反应区内，与落入反应区内的甘蔗渣物料混合。启动超声波反应器 20，在超声波换能器 21 及第二搅拌桨 7 的作用下，固液均匀混合反应混合。达到足够的反应时间后，停止超声波反应，从另一端的加药装置 19 中投加冰乙酸调节 pH 值后静置一段时间后，通过控制器 23 启动打开反应区和分离区之间的电控门 801，使反应物进入进料管 9，启动第二电机 13，第二电机 13 通过皮带 14 带动滤网轴承 15 转动，从反应区落下的反应物在离心作用下，液体从滤网 12 浸入液仓，固体分离物从固体分离口 16 落入下方的固体仓 11，实现固液分离，获得粗木聚糖。

一种用蔗梢制备甘蔗多糖的方法

(ZL 201310630543.7)

何雪梅，李　丽，盛金凤，廖　芬，郑凤锦，
李昌宝，李杰民，刘国明，孙　健，李明娟，卫　萍

技术领域

本发明属于多糖的制备领域，尤其是涉及一种利用蔗梢（或称甘蔗尾叶）来制备甘蔗多糖的方法。

背景技术

甘蔗是禾本科（Graminaeeae）甘蔗属（*Saccharum* L.）植物，是我国制糖的主要原料。我国是世界三大甘蔗起源中心之一，目前已成为居巴西、印度之后的世界第三大食糖生产国。我国甘蔗种植主要省区有广西、云南、广东、海南和福建，其中广西为第一大省，约占全国总面积的60%。

蔗梢，又称甘蔗尾叶（以下全部统一称为蔗梢），是收获甘蔗时顶上最嫩节和青绿叶片的统称，占甘蔗生物量的15%~20%，是甘蔗生产中的主要副产物之一。在收获甘蔗时，蔗梢被砍下，除少部分作饲料和留种以外，大部分被焚烧，广西每年有几百万吨的蔗梢废弃物，既造成严重的空气污染与安全隐患，又浪费资源，开发利用迫在眉睫。

目前，蔗梢的综合利用主要集中在生产家畜饲料、沤制堆肥、提取过氧化物酶和加工食用蔗笋、饮料方面，主要以初级加工为主，产品单一，生产技术落后，缺乏竞争力，未形成产业化，经济附加价值

不高，因此，有必要对蔗梢的加工利用展开新的思路。

多糖是一种天然高分子，是单糖通过糖苷键连接而成的聚合物，研究结果表明多糖具有抗肿瘤、抗病毒、抗炎症和免疫调节等生物活性和功能，天然多糖以其疗效显著、无毒副作用等特点引起人们极大的兴趣。国内外学者发现，甘蔗多糖具有抗鼻咽癌、提高小鼠免疫力和保护因饮酒引起的胃溃疡等作用。西药对缓解疾病有迅速的疗效，但其毒副作用也给患者造成长期的困扰，从天然产物中寻找高效、安全的新药和日常保健品迫在眉睫。利用蔗梢这种资源广又廉价易得，且具有抗肿瘤和提高免疫力功效的材料是非常经济和明智的。

提取多糖的常用方法是传统的热水浸提法，但该法耗时长、效率低、活性不高，提高多糖得率并增强其活性是提高多糖产品品质的关键。201210475688.X公开了一种甘蔗叶多糖的制备方法，其方法为将甘蔗叶采用水提醇沉、减压干燥的方法制备粗多糖，先后利用大孔树脂脱色、絮凝剂除杂、澄清、减压干燥，制得白色甘蔗叶精制多糖。采用常规方法提取得到粗多糖，工艺线路较长，提取时间较长，极大地影响效率。

发明内容

本发明的目的在于提供一种采用微波－超声波联合法萃取，并用膜分离技术浓缩和分离纯化制备蔗梢多糖的工艺，解决现有技术存在的缺陷。

一种用蔗梢制备甘蔗多糖的方法，包括步骤：

（1）蔗梢于50℃烘干后粉碎，得到蔗梢粉；

（2）蔗梢粉预处理：蔗梢粉中加入95%乙醇，提取1h，除去蔗梢中的色素及其他醇溶性杂质，烘干溶剂，得到蔗梢粉待用；

（3）采用超声－微波协同萃取仪对步骤（2）中的蔗梢粉进行提取，最佳提取条件为超声波功率840W，微波功率为600W，提取时间为15min，料液比为1∶10（g/mL），温度为70℃，提取液趁热抽滤，得到蔗梢粗多糖溶液；

（4）采用多级膜分离系统对蔗梢粗多糖溶液进行浓缩和分离纯

化，溶液先经过100nm的无机陶瓷膜过滤掉大颗粒的非糖物质，再用截留分子量800 D的纳滤膜去除小分子的单糖、寡糖、色素和水，得到多糖浓缩液；

（5）醇沉：浓缩液中加入乙醇使溶液中乙醇含量达到80%，于4℃下过夜沉淀，离心得到沉淀；

（6）步骤（5）中的沉淀经冷冻干燥即得精制甘蔗多糖。

提取多糖的常用方法是传统的热水浸提法，一般为沸水提取2～3h但该法耗时长、效率低、活性不高，如何提高多糖得率、提升提取效率并保护其活性是提高多糖产品品质的关键。本发明采用微波-超声联合萃取，提取温度低（70℃）、提取时间短，仅15min即可达到最佳提取效果，蔗梢多糖的活性成分基本不会被破坏，提取率达到4.2%，比普通水浴浸提（1.5%左右）提高了两倍。

另外，本发明同时配合采用膜分离技术浓缩和分离纯化蔗梢粗多糖提取液，溶液先经过100nm的无机陶瓷膜过滤掉大颗粒的非糖物质，再用截留分子量800 D的纳滤膜去除小分子的单糖、寡糖、色素和水，达到浓缩和分离纯化的双重效果。

微波-超声波联合萃取法作为一种新的提取分离技术，结合了微波、超声波两种技术的优点，将超声振动和开放式微波两种作用方式相结合，充分利用超声振动的空化作用以及微波的高能作用，使样品介质内各点受到的作用一致，降低目标物与样品基体的结合力，加速目标物从固相进入溶剂的过程，克服了常规超声波和微波萃取的不足，实现了低温常压环境下对固体样品进行快速、高效、可靠的预处理，是近年来发展起来的新的植物有效成分提取方法。

膜是具有选择性分离功能的材料。利用膜的选择性分离实现料液的不同组分的分离、纯化、浓缩的过程称作膜分离。它与传统过滤的不同在于，膜可以在分子范围内进行分离，并且这过程是一种物理过程，不需发生相的变化和添加助剂。膜分离技术由于具有常温下操作、无相态变化、高效节能、在生产过程中不产生污染等特点，因此，在饮用水净化、工业用水处理、食品、饮料用水净化、除菌、生物活性物质回收、精制等方面得到广泛应用，并迅速推广到纺织、化工、电力、食品、冶金、石油、机械、生物、制药、发酵等各个领域。传统的浓缩方式为旋转蒸发仪减压浓缩，最初，本实验采用此方式，由于效率低，再加上室温较高，两天后提取液变质，此方法不适用于大量多糖提取物的制备。采用膜分离浓缩，效率大大提高，实验中 24L 提取液经膜分离设备 4h 即浓缩至 1.5L。而且陶瓷膜可以去除部分非糖物质，纳滤膜可以截留分子量低于 800D 的小分子化合物，相当于一次分离纯化，因此，采用膜分离浓缩多糖提取物是非常适合的。

本发明在蔗梢多糖制备全过程中仅使用水和食用酒精两种溶剂，不引入任何有机溶剂和化学制剂，在多糖浓缩后再醇沉，节约试剂，同时采用超声—微波协同萃取和膜分离技术，大大提高制备效率和产品质量，非常适用于蔗梢多糖的制备。本发明解决了蔗梢焚烧带来的资源浪费、空气污染以及安全隐患的问题，提升蔗梢的附加价值，同时为甘蔗多糖的制备寻找一种新的、高效和环保的方法。

附图说明

图 1 为本发明实施例的工艺流程图。

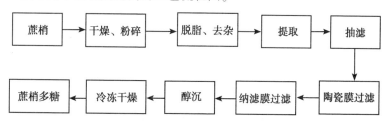

图1　蔗梢多糖制备工艺流程

具体实施方式

下面结合具体实施例和附图对本发明做进一步详细说明。

本发明采用微波—超声波联合法萃取蔗梢多糖，效率高，节约时间，工艺线路图见附图 1，具体工艺如下：

1）新鲜蔗梢，用多功能新型砸草机粉碎成小段，于50℃烘干，并通过高速粉碎机粉碎，过80目筛网，得到蔗梢粉；

2）蔗梢粉预处理：蔗梢粉中加入95%乙醇，70℃加热提取1h，提取两次，除去蔗梢中的色素及其他醇溶性杂质，去掉溶剂，留渣待用；

3）采用超声—微波协同萃取仪对步骤2）中的蔗梢粉进行提取，溶剂为去离子水，经响应面法分析得到最佳提取条件为超声波功率840W，微波功率为600W，提取时间为15min，料液比为1∶10（g/mL），温度为70℃，提取液趁热抽滤，得到蔗梢粗多糖溶液，采用苯酚硫酸法测溶液多糖含量，换算为原料的多糖含量为4.2mg/g；

4）采用多级膜分离系统对蔗梢粗多糖溶液进行浓缩和分离纯化，溶液先经过100nm的无机陶瓷膜过滤掉大颗粒的非糖物质，再用截留分子量800D的纳滤膜去除小分子的单糖、寡糖、色素和水，得到多糖浓缩液；

5）醇沉：浓缩液中加入乙醇使溶液中乙醇含量达到80%，于4℃下过夜沉淀，4 500r/min离心10min，弃去上清液得到沉淀；

6）步骤5）中的沉淀经冷冻干燥即得精制甘蔗多糖，经测定其多糖纯度达到70%。

本发明可以变废为宝，增加蔗农的收入，产生较大经济效益和社会效益，同时能避免焚烧蔗梢带来的空气污染和安全隐患。

一种从甘蔗渣制备低聚木糖的方法

(ZL 201310630542.2)

盛金凤,孙 健,李 丽,何雪梅,李昌宝,廖 芬,
崔素芬,郑凤锦,李杰民,刘国明

技术领域

本发明属于甘蔗制糖业副产物的二次综合利用领域,尤其涉及利用超声波碱法以及纳滤膜浓缩法来制备低聚木糖的方法。

背景技术

低聚木糖是新近发展起来的一种功能性低聚糖,低聚木糖又称木寡糖,是指 2~7 个木糖分子以糖苷键连接而成的聚合糖,它除具有低聚糖的一般功能性质外,还具有显著的双歧杆菌增殖效果、耐酸、耐热、降低水分活度和防止冻结等优点,低聚木糖的耐酸和耐热表现在,在 pH 值为 2.5~8.0 范围内经 100℃ 加热 1h,低聚木糖几乎不分解。它可以选择性的增殖双歧杆菌,提高人体免疫力和抗癌能力,抑制外源性病菌对人体的侵入,防止肠道疾病,降低人体胆固醇,促进钙吸收,有利于代谢且不受胰岛素的控制,可作为糖尿病和肥胖病患者的甜味剂。

低聚木糖一般以玉米芯为原料来生产,我国南方甘蔗资源丰富,以广西为例,2012—2013 年广西榨季甘蔗产量达 7 500 多万吨,产糖 800 万吨,按照每产 1t 糖产生 2~3t 蔗渣来计算,广西全区各糖厂产生的蔗渣就近 2 000 万吨。

甘蔗渣的成分中纤维素为32%～48%、半纤维素19%～24%、木质素23%～32%、灰分约为4%，与农作物秸秆相比，甘蔗渣的农药残留量很低，且木质化程度高，长期以来，这种大批量甘蔗渣除了部分用于造纸、制造人造板外，大部分用于供糖厂本身作为燃料烧掉或直接废弃，如何科学高效的利用甘蔗渣资源，实现了甘蔗的二次利用，提高糖厂的经济效益，具有重大的社会经济效益。

低聚木糖的常规制备方法为高温高压连续蒸煮提取工艺，比如专利200810110946.8公开了这种方法，发明对常规间歇式生产进行了改善，物料随进随出，即随着喷射器连续出料，在进料端可不间断的连续泵入、蒸煮、再出料，可自动操作，节省人力并提高工作效率。但方法总归是受设备及条件影响较大，而且生产周期较长，比如高温高压，需要较多能量输入，管道及设备材料的选择也会受到压力影响。

专利200910157991.3公开了一种利用超声波处理农业废弃物制备低聚木糖的方法，其步骤主要为超声波碱液提取→过滤、得滤液→调pH值至微酸性→酶解→灭酶、离心分离→上清液→离子交换脱色→浓缩得到产品。此方法过程简单容易控制，高效无污染，但脱色和产品纯度有待于进一步提升。

低聚木糖的制备工艺中，精制是关键步骤之一。目前，由酶法制取的低聚木糖产品中仍含有少量的色素、木糖、糖醛酸、木质素和无机盐等，通常表现为淡黄色至浅褐色。还有生产过程中的成色反应产生的有色物质，如糖类的焦糖化反应、还原糖和氨基酸的美拉德反应生成的色素，需要进行脱盐除杂或脱色等步骤。离子交换树脂的骨架中含有离子交换官能团，当溶液中存在电离状态的基团（如色素等物质）时，二者可以发生交换作用。因此，离子交换树脂不仅可以用于脱盐而且还能用于脱色。

发明内容

本发明的目的在于提供一种从甘蔗渣制备低聚木糖的方法，解决现有技术存在的缺陷。

一种从甘蔗渣制备低聚木糖的方法,包括步骤:

(1) 将回收的甘蔗渣,经过粉碎机粉碎,过筛,对筛分物进行浸泡并晾干;

(2) 将晾干后的甘蔗渣,加入浓度为2%~10% 的NaOH,搅拌均匀,常温下,超声条件为50~65kHz,时间为20~40min,料液比为1:(30~50)(W:V),过滤处理,得上清液;

(3) 加入冰乙酸,调节pH值=4~6,静置0.5~6h后,8 000~12 000r/min离心10~20min后,取下层沉淀即为粗木聚糖;

(4) 酶解,向粗木聚糖中按照粗木聚糖:水=(1~10):100的比例添加水,加入相对于粗木聚糖质量0.02%~1% 的木聚糖酶,在T=40~55℃,pH值=4~6的条件下,磁力搅拌酶解2~6h;

(5) 对上述溶液进行沸水浴灭酶10~20min,6 000~10 000r/min离心6~15min,收集得到上清液;

(6) 活性炭结合阴阳离子交换树脂进行脱色脱盐,调节低聚木糖溶液pH值=5~7,流速为2~10倍柱体积/h;活性炭为酸处理后的活性炭,阳离子树脂为001×7,阴离子树脂为D301;串联次序为活性炭柱、阳离子树脂柱、阴离子树脂柱;

(7) 将上述溶液进行纳滤浓缩,选用截留相对分子量为200~350D的纳滤膜,压力为1.5~2.5MPa,开始15~30min补充纯水保持料液体积不变,后恒压纳滤浓缩30~60min,进行真空冷冻干燥,得到产品。

进一步的:所述步骤(6)中活性炭粉末和阴阳离子交换树脂处理分别为:

① 活性炭处理方式:活性炭粉末采用1% 的HCl浸洗,热去离子水洗至中性,滤干120℃干燥7~10h;

② 阳离子树脂:清水浸泡15~24h,后用3%~5% 的NaOH浸泡2~4h,清水洗至中性,然后用3%~5% 的HCl浸泡2~4h,清水反复洗至中性;

③ 阴离子树脂:清水浸泡15~24h,后用3%~5% 的HCl浸泡2~4h,清水洗至中性,然后用3%~5% 的NaOH浸泡2~4h,清水反复洗至中性。

现有技术中公开的制糖过程中的色素和盐的去除一直是本领域技术人员难以克服的难点，如何做到环保的去除更难。制糖过程中，色素含量只不过是 0.1%~0.3%（对固形物），但在脱色方面所花费的资金约为炼糖总成本的 1/3。

还原糖测定：DNS 比色法，取 1mL 待测液置于 25mL 刻度试管中，然后加入 DNS 试剂 2mL，沸水浴中煮沸 5min 后显色，然后迅速用流水冷却，用蒸馏水定容到刻度，摇匀，486nm 处测定吸光度。

总糖测定：向待测液中加入浓 H_2SO_4，使 H_2SO_4 的浓度为72g/L，水浴煮沸 2h 后，用 6mol/L 的 NaOH 调至中性后用 DNS 法 486nm 波长处测定其还原糖含量，则被测样品的总糖浓度 TC 为：

$$TC = C * n * 0.88$$

式中：TC——酸水解后样品测得的总糖浓度，mg/mL；

C——酸水解后直接测得的样品的还原糖浓度，mg/mL；

n——测定时样品的稀释倍数。

低聚木糖的平均聚合度的计算公式：DP = 总糖/还原糖。

本发明通过冰乙酸来调节 pH 值 = 5，而在此条件下，粗木聚糖析出，从而通过离心可将残留在上清液中的绝大部分色素和盐类清除，实现第一步脱色脱盐的目的，同时该方法相比较传统的乙醇析出木聚糖技术，不需要添加大量的乙醇，减少了酒精废液处理工艺，节约了成本，提升产品外观以及纯度，无需有机、无机脱色剂。另外，本发明对酶解的条件以及添加量和时间经过大量的探索，确定了一个最优的方案，调节溶液 pH 值 = 5 添加量木聚糖酶 0.1%（W：W），50℃条件下酶解 4h。

同时，本发明采用纳滤浓缩技术，提高最终产品纯度。

本发明提升了低聚木糖生产过程中的脱色脱盐效率，并最终提高产品纯度。提高农作物的附加值，减少环境污染并加快农业生态系统的良性循环，对实现资源的可持续发展有重要意义。

本发明采用超声波碱法提取木聚糖，工艺简单有效，同时通过调节 pH 值析出粗木聚糖，达到酶解前脱除大部分色素和盐类的目的，酶解后采用活性炭串联阴阳离子交换树脂柱进一步脱盐脱色，最后运用纳滤膜浓缩技术，得到纯度高的产品。本发明整个工艺流程时间短,能耗低。

附图说明

图1所示为本发明实施例的工艺线路图。

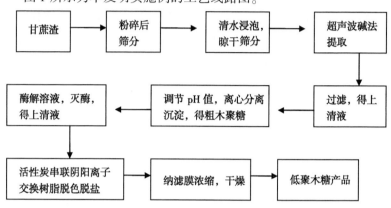

图1 蔗渣制备低聚木糖工艺路线

具体实施方式

下面结合附图和具体实施例对本发明做进一步详细说明。
本发明采用如下工艺步骤:
(1) 回收的甘蔗渣,经过粉碎机粉碎,过60目筛,筛分物用清水浸泡24h,晾干;
(2) 晾干后的甘蔗渣,加入质量分数为6%的NaOH,搅拌均匀,常温下,超声条件为65kHz,时间为35min,料液比为1∶35(W∶V),过滤处理,得上清液;
(3) 加入冰乙酸,调节pH=5,静置1h后,10 000r/min 离心10min后,取下层沉淀即为粗木聚糖;
(4) 酶解,将粗木聚糖:水=3∶100(W∶W)混合,添加相对于粗木聚糖质量0.1%的木聚糖酶,在T=55℃,pH值=5.5的条件下磁力搅拌酶解4h；

（5）对步骤（4）溶液进行沸水浴灭酶15min，6 000r/min 离心6～15min，收集得到上清液；

（6）活性炭结合阴阳离子交换树脂进行脱色脱盐，调节低聚木糖溶液 pH 值=5，流速3倍柱体积/h；装柱体积活性炭粉末：001×7阳离子树脂：D301阴离子树脂=2：2：1；

（7）将上述溶液进行纳滤浓缩，选用截留相对分子量为300的纳滤膜，压力为2.0MPa，开始30min补充纯水保持料液体积不变，后恒压纳滤浓缩60min，进行真空冷冻干燥，得到产品，产品色泽呈浅黄色，平均聚合度为8.67，提取率为28.39%。

本发明通过调整 pH 来析出粗木聚糖，简便有效的去除绝大多数色素和盐类等杂质，提高了产品纯度。通过纳滤浓缩，提高最终产品中低聚木糖占总糖的比例。

一种低聚果糖饮料及其制备方法

(CN 201510066174.2)

廖覃敏,李　丽,盛金凤,孙　健,李昌宝,李杰民

技术领域

本发明涉及一种饮料,尤其涉及一种低聚果糖饮料及其制备方法。

背景技术

饮料是人们日常生活中常喝的饮品,但大多数饮料都是添加了蔗糖或葡萄糖制成的甜饮料。而甜饮料多喝会对人身体健康造成危害已是不争的事实,研究表明,甜饮料消费和肾结石及尿道结石风险密切相关,喝甜饮料还会降低膳食纤维等营养素的摄入量,导致肥胖。因此,开发具有保健功能的饮料对广大饮料爱好者具有积极意义。

低聚果糖又称寡果糖或蔗果三糖族低聚糖,是一种存在于水果、蔬菜、谷物等物质中的天然活性成分。低聚果糖是第一个通过FDA审核作为公认安全级(GRAS)的功能性低聚糖,其低龋齿性、难消化性及双歧杆菌增殖性已得到证实,在非消化性功能食品中,低聚果糖是符合益生元标准(即双歧杆菌促生素)的典型双歧因子,具有双向调节体内菌群、降低血脂、促进维生素的合成、保护肝脏、促进Ca、Mg、Fe等矿物质吸收、防止肥胖、防止龋齿和美容的作用。被誉为集"营养、保健、疗效"三者于一体的21世纪健康新糖源。

发明内容

本发明的目的是提供一种营养价值全面，口感好，具有通肠道、助消化、排毒养颜等功效，并能被人体充分吸收的低聚果糖饮料及其制备方法。

一种低聚果糖饮料，每 1 000 份低聚果糖饮料中，包括：低聚果糖 27.5~44 份，低聚半乳糖 5~10 份，山楂提取物 1.5~2 份，甘蔗提取物 5~10 份，甘蔗叶提取物 1.5~2 份，荷叶提取物 0.5~1 份，罗汉果甜甙 0.5~1 份，其余为矿泉水。

本发明还提供了一种低聚果糖饮料的制备方法，包括以下几个步骤：

步骤 A：山楂提取物的制备

山楂经选净、破碎后，称量，并置于提取罐内，加热回流提取滤液，真空浓缩后加入乙醇醇沉，离心，取上清液，浓缩至稠膏，热风干燥、超微粉碎成细粉即得山楂提取物；

步骤 B：甘蔗提取物的制备

甘蔗去皮压榨并过滤，滤液经超高压提取，真空浓缩至适量，加入乙醇醇沉，离心，取上清液制得甘蔗提取物；

步骤 C：甘蔗叶提取物的制备

甘蔗叶经选净、烘干后进行粉碎，采用亚临界萃取，提取液经真空浓缩后加入乙醇醇沉，离心，取上清液，浓缩至稠膏，热风干燥、超微粉碎成细粉即得甘蔗叶提取物；

步骤 D：荷叶提取物的制备

荷叶经选净、破碎后，称量，置提取罐内，加热回流提取滤液，滤液真空浓缩至适量，加入乙醇醇沉，离心，取上清液，浓缩至稠膏，热风干燥、超微粉碎成细粉即得荷叶提取物；

步骤 E：低聚果糖饮料的制备

将原料按比例混合搅拌，过滤后灭菌，即得到天然低聚果糖饮料。

优选的，所述步骤 A 中，加热回流步骤：加水回流提取三次，第一次加水 10 倍量，提取 1.5h，第二次加水 10 倍量，提取 1.5h，第三次加水 5 倍量，提取 1h，合并三次回流提取滤液。

优选的，所述步骤 A 中，所加乙醇的量为直至滤液中乙醇含量为 70%～80%。

优选的，所述步骤 B 中，超高压提取条件为：使用浓度为50%～60%的乙醇作为提取溶剂，提取料液比为 20∶1～30∶1，提取压力 300～450MPa，提取时间 8～15s。

优选的，所述步骤 C 中，亚临界萃取的萃取条件为：萃取压力 0.5～1MPa，萃取温度 35～45℃，萃取时间 30～50min，萃取次数为 3 次。

优选的，所述步骤 D 中，加热回流步骤包括：加水回流提取两次，第一次加水 10 倍量，提取 1.5h，第二次加水 5 倍量，提取 1h，合并两次回流提取滤液，滤液真空浓缩至适量，加入乙醇醇沉，使含乙醇量为 65%，离心，取上清液，浓缩至稠膏，热风干燥、超微粉碎成细粉即得山楂提取物。

优选的，所述步骤 D 中，所加乙醇的量为直至滤液中乙醇含量为 65%～80%。

优选的，所述步骤 E 中，灭菌步骤包括：在净化车间内温度25℃以下，25%湿度环境下，将原料按照以上比例混合搅拌，过滤后在 120～130℃下瞬时灭菌 5～8s，然后当原料温度降到 30～45℃时进行灌装，再进行二次灭菌，灭菌温度 112～116℃，灭菌时间 14～18min，即得到天然低聚果糖饮料。

本发明采用以上技术方案，其优点在于，益生元是一类促进益生菌生长的物质，具有改进肠道菌群，提高肠道功能，缓解便秘，防止腹泻，降血糖，降血脂，提高高密度脂蛋白与低密度脂蛋白的比例，提高机体免疫力，减少结肠癌发生风险等多种保健作用，因此，利用益生元生产的保健食品越来越多。果聚糖已被广泛视为高效的益生元物质。

山楂果实含有丰富的营养物质，是"药食同用"的上等补品，特别是维生素 C 、黄酮类化合物等含量高，并含有人体需要的多种矿质营养元素，这些物质具有很高的营养保健价值，可起到消食健胃、消炎止咳、降血压、降血脂、增进冠状动脉血流量和防治冠心病、心绞痛等作用，通过抗氧化和清除氧自由基而具有抗癌、防癌功效。

甘蔗是冬季常见的一种水果，甘蔗含有丰富的糖分、水分，还有许多维生素等营养元素，同时甘蔗也是一种很好的保健食材，具有清热解毒、生津止渴、和胃止呕、滋阴润燥等功效。

甘蔗叶含有一定量的叶绿素、粗蛋白、黄酮、花青素、多种糖等，具有抗肿瘤、抗氧化、抑制血小板凝集、预防心血管疾病、降血糖及保护神经系统等功效。

荷叶是卫生部颁布的药食两用植物，近年来被用作减肥的主要原料，其水提物，气味清香，酸甜可口，并且含有黄酮、生物碱等活性成分，具有较好的去脂减肥、降血压、抑菌、抗氧化等功效。

低聚果糖能明显改善肠道内微生物种群比例，它是肠内双歧杆菌的活化增殖因子，可减少和抑制肠内腐败物质的产生，抑制有害细菌的生长，调节肠道内平衡；能促进微量元素铁、钙的吸收与利用，以防止骨质疏松症；可减少肝脏毒素，能在肠中生成抗癌的有机酸，有显著的防癌功能；且口味纯正香甜可口，具有类似脂肪的香味和爽口的滑腻感。近几年低聚果糖的产品风靡日、欧、美等保健品市场。

低聚半乳糖是人体肠道中双歧杆菌、嗜酸乳酸杆菌等有益菌极好的营养源和有效的增殖因子，可以改善人体肠道的消化吸收功能。

罗汉果甜甙其甜度为蔗糖的 300 倍，其热量为零，因为它不会溶于体内，所以对肥胖、便秘、糖尿病等具有防治作用，同时也具有清热润肺镇咳、润肠通便的功效。

本发明的有益效果：产品的营养价值全面，保留了原料的香气及营养成分，口感好，具有通肠道、助消化、排毒养颜、防治"三高"等功效，并且不加任何防腐剂，低热量、低含糖量，适合追求健康人群及糖尿病人和肥胖病人饮用，市场前景非常广泛。

具体实施方式

下面对本发明的较优的实施例做进一步的详细说明：

实施例 1

饮料组成：低聚果糖 27.5g、低聚半乳糖 8g、山楂提取物 1.5g、甘蔗提取物 5g、甘蔗叶提取物 2g、荷叶提取物 1g、罗汉果甜甙 0.5g 及 954.5mL 矿泉水。

低聚果糖饮料制备：

步骤 A：山楂提取物的制备

山楂经选净、破碎后，称量，并置于提取罐内，加水回流提取 3 次，第一次加水 10 倍量，提取 1.5h，第二次加水 10 倍量，提取 1.5h，第三次加水 5 倍量，提取 1h，合并 3 次回流提取滤液，滤液真空浓缩后加入乙醇直至滤液中乙醇含量为 70%~80%，醇沉，离心分离，取上清液，浓缩至稠膏，热风干燥、超微粉碎成细粉即得山楂提取物；

步骤 B：甘蔗提取物的制备

甘蔗去皮压榨并过滤，滤液经超高压提取，超高压提取条件：使用浓度为 60% 的乙醇作为提取溶剂，提取料液比为 20∶1，提取压力 450MPa，提取时间 8s，提取液真空浓缩至适量，加入乙醇醇沉，离心，取上清液制得甘蔗提取物；

步骤 C：甘蔗叶提取物的制备

甘蔗叶经选净、烘干后进行粉碎，采用亚临界萃取 3 次，萃取压力 0.5MPa，萃取温度 40℃，萃取时间 50min，萃取液经真空浓缩后加入乙醇醇沉，离心分离，取上清液，浓缩至稠膏，热风干燥、超微粉碎成细粉即得甘蔗叶提取物；

步骤 D：荷叶提取物的制备

荷叶经选净、破碎后，称量，置提取罐内，滤液加热回流提取 2 次，第一次加水 10 倍量，提取 1.5h，第二次加水 5 倍量，提取 1h，合并两次回流提取滤液，提取后的滤液真空浓缩至适量，真空浓缩后的滤液加入乙醇直至滤液中乙醇含量为 65%~80%，醇沉，离心，取上清液，浓缩至稠膏，热风干燥、超微粉碎成细粉即得荷叶提取物；

步骤 E：低聚果糖饮料的制备

在净化车间内温度 25℃ 以下，25% 湿度环境下，将原料均匀混合搅拌，过滤后在120℃下瞬时灭菌8s，然后当原料温度降到30~45℃时进行灌装，再进行二次灭菌，灭菌温度112℃，灭菌时间18min，即得到低聚果糖饮料。

实施例 2

饮料组成：低聚果糖35g、低聚半乳糖10g、山楂提取物1.8g、甘蔗提取物10g、甘蔗叶提取物1.5g、荷叶提取物0.7g、罗汉果甜甙0.8g及940.2mL矿泉水。

低聚果糖饮料制备：

步骤A：山楂提取物的制备

山楂经选净、破碎后，称量，并置于提取罐内，加水回流提取3次，第一次加水10倍量，提取1.5h，第二次加水10倍量，提取1.5h，第三次加水5倍量，提取1h，合并三次回流提取滤液，滤液真空浓缩后加入乙醇直至滤液中乙醇含量为70%~80%，醇沉，离心分离，取上清液，浓缩至稠膏，热风干燥、超微粉碎成细粉即得山楂提取物；

步骤B：甘蔗提取物的制备

甘蔗去皮压榨并过滤，滤液经超高压提取，超高压提取条件：使用浓度为50%~60%的乙醇作为提取溶剂，提取料液比为30:1，提取压力300MPa，提取时间15s，提取液真空浓缩至适量，加入乙醇醇沉，离心，取上清液制得甘蔗提取物；

步骤C：甘蔗叶提取物的制备

甘蔗叶经选净、烘干后进行粉碎，采用亚临界萃取3次，萃取压力1MPa，萃取温度45℃，萃取时间30min，萃取液经真空浓缩后加入乙醇醇沉，离心分离，取上清液，浓缩至稠膏，热风干燥、超微粉碎成细粉即得甘蔗叶提取物；

步骤D：荷叶提取物的制备

荷叶经选净、破碎后，称量，置提取罐内，滤液加热回流提取2次，第一次加水10倍量，提取1.5h，第二次加水5倍量，提取1h，合并两次回流提取滤液，提取后的滤液真空浓缩至适量，真空浓缩后的滤液加入乙醇直至滤液中乙醇含量为65%~80%，醇沉，离心，取上清液，浓缩至稠膏，热风干燥、超微粉碎成细粉即得荷叶提取物；

步骤 E：低聚果糖饮料的制备

在净化车间内温度 25℃以下，25% 湿度环境下，将原料按比例均匀混合搅拌，过滤后在 120℃下瞬时灭菌 6s，然后当原料温度降到 30~45℃时进行灌装，再进行二次灭菌，灭菌温度 114℃，灭菌时间 16min，即得到低聚果糖饮料。

实施例 3

饮料组成：低聚果糖 44g，半乳糖 6g，山楂提取物 2g，甘蔗提取物 8g，甘蔗叶提取物 2g，荷叶提取物 1g，罗汉果甜甙 1g，矿泉水 936g。

低聚果糖饮料制备：

步骤 A-D：同实施例 1

在净化车间内温度 25℃以下，25% 湿度环境下，将原料按比例均匀混合搅拌，过滤后在 130℃下瞬时灭菌 5s，然后当原料温度降到 30~45℃时进行灌装，再进行二次灭菌，灭菌温度 116℃，灭菌时间 14min，即得到低聚果糖饮料。

应用效果测试：

① 防治便秘

服用本低聚果糖饮料治疗便秘效果如下：对便秘 300 人，口服 250mL 本发明饮料一次，一日一次，7 天一疗程，经 1~2 个疗程，总有效可达 100%，治愈率达 80% 以上。治愈以后，每两天至少喝一次本饮料，基本不再出现便秘症状。

病例 1

韦某，男，65 岁，广西南宁市某政府退休公务员。患习惯性便秘 8 年多，虽经医治但效果不佳。2013 年 7 月，每天早饭后服用本实施例 1 饮料 250mL。三天后，便秘改善。一周后便秘症状消失，以后每两天喝一次，至今未再出现便秘。

病例 2

田某，女，32 岁，广州市某事业单位职工。体质虚弱，产后便秘。2013 年 10 月每天服用本实施例 2 饮料 250mL，两天后，便秘改善。一周后便秘症状消失，以后每天喝一次，至今未再出现便秘。

病例 3

王某，女，42 岁，广东深圳市某企业销售经理。近两年工作压力大、经常喝酒应酬导致便秘，脸上长痘。2013 年 1 月，每天饭后服用本实施例 3 饮料 250mL。两天后，便秘改善，一周后便秘症状消失。以后每天喝 200mL，至今未再出现便秘，面色红润，脸上长痘情况缓解。

② 降火

服用本低聚果糖饮料治疗上火效果如下：对上火 300 人，口服 250mL 本发明饮料一次，一日一次，7 天一疗程，经 1～2 个疗程，总有效可达 100%，治愈率达 85% 以上。治愈以后，每两天至少喝一次本饮料，基本不再出现上火症状。

病例 1

赵某，女，62 岁，深圳某企业退休职工。因吃火锅上火 3 天，喉咙干痛，牙龈肿痛。2013 年 1 月，每天早饭后服用本实施例 1 饮料 250mL。三天后，牙龈消肿症状改善，牙龈消肿。一周后上火症状消失，以后每两天喝一次，至今未再出现上火、牙疼的症状。

病例 2

张某，男，45 岁，广西南宁某事业单位职工。上火两周，便秘，嘴唇赤红，舌质红，口气重。2013 年 5 月每天服用本实施例 2 饮料 250mL，两天后，上火情况改善，唇色由赤红转为正常色，口气清。一周后上火症状完全消失。

病例 3

肖某，女，25 岁，北京某企业职工。近两年易上火，天气干燥时尤为严重，脸颊、额头长痘，喉咙肿痛。2014 年 1 月，每天饭后服用本实施例 3 饮料 250mL。两天后，上火改善，痘渐消，10 天后长痘、喉咙肿痛等上火症状消失。以后每天喝 200mL，至今未再出现上火情况。

以上内容是结合具体的优选实施方式对本发明所做的进一步详细说明，不能认定本发明的具体实施只局限于这些说明。对于本发明所属技术领域的普通技术人员来说，在不脱离本发明构思的前提下，还可以做出若干简单推演或替换，都应当视为属于本发明的保护范围。

附录：与本书相关的广西农业科学院农产品加工研究所科研项目

来源	合同编号	项目名称	起止年限	主持人
2011年留学人员科技活动项目择优资助经费	桂人社办发〔2012〕250号	蔗渣酶法制备低聚木糖及其精制技术研究	2012.01—2013.12	孙健
2014年中央财政农业技术推广服务资金项目	桂财农函〔2014〕294号	广西特色优势水果贮藏保鲜与产地初加工技术示范推广	2014.01—2014.12	孙健
农业部农业技术试验示范项目	农财发〔2014〕24号	水果产地初加工技术先试先行	2014.01—2014.12	孙健
广西农业科学院基本科研业务专项（团队项目）	2015YT86	亚热带果蔬贮藏加工技术研究	2015.01—2020.12	孙健
广西农科院基本科研业务专项－面上项目	桂农科2013YM03	蔗梢多糖分离纯化、结构表征研究与多糖提取物的开发	2013.01—2014.12	何雪梅
广西农业科学院基本科研业务专项（面上项目）	桂农科2011YM26	甘蔗汁制备甘蔗原醋过程中发酵作用机理及其动力学	2011.01—2012.12	陈赶林
广西农业科学院基本科研业务专项（重点项目）	桂农科2013YM02	甘蔗汁生产甘蔗原醋关键技术及其发酵调控	2013.01—2014.12	陈赶林
广西科学研究与计划开发计划项目	桂科合14123001－10	甘蔗汁开发甘蔗原醋关键技术引进与合作研究	2014.01—2016.12	陈赶林

(续表)

来源	合同编号	项目名称	起止年限	主持人
广西农业科学院基本科研业务专项（重点项目）	2015YZ02	甘蔗汁开发甘蔗原醋关键技术研究与产业化	2015.01—2017.12	陈赶林
广西农业科学院基本科研业务费	桂农科2014YQ04	多酚与氨基化合物对甘蔗原醋的呈色护色效应与调控	2014.01—2015.12	郑凤锦
广西农科院基本科研业务专项（面上项目）	桂农科2012YM24	利用甘蔗糖蜜共生发酵制备功能性饲料添加剂的研究	2012.01—2013.12	李志春